AF452196

Cet ouvrage se trouve :

A Paris, chez [illegible], Palais-Royal, galerie d'Orléans, n° [illegible], et chez [illegible], rue Hautefeuille, n° 12.

A Lyon, chez BARRET, imprimeur-libraire, rue Pizay, n° 11, et Laffont, 8.

A Besançon, chez [illegible], rue Saint-Pierre, n° [illegible].

A Metz, chez [illegible] et [illegible], rue des [illegible].

A Nancy, chez Mme [illegible], rue des Dominicains, [illegible], et chez GRIMBLOT, place Stanislas, [illegible].

A Dijon, chez LAMARCHE et [illegible], libraires de la faculté des sciences.

A Lons-le-Saulnier, chez [illegible].

A Strasbourg, chez [illegible], libraire de la faculté de médecine.

A Colmar, chez Mme ve Held BALZINGER.

A Mulhouse, chez Jordan MORAL.

A Bâle (Suisse), chez Charles DELOFF, rue [illegible].

A Epinal, chez VALENTIN et LÉCRIVAIN, et Mme ve DURAND.

A Saint-Dié, chez [illegible].

A Mirecourt, chez [illegible].

A Remiremont, chez Mme [illegible].

A Neufchateau, chez Mme ve DEMONGEOT.

DE LA

FÉCONDATION ARTIFICIELLE

ET DE

L'ÉCLOSION DES ŒUFS DE POISSONS.

EXTRAIT DES ANNALES DE LA SOCIÉTÉ D'ÉMULATION DES VOSGES.
(Tome VIII. — Ier Cahier. — 1853.)

DE LA
FÉCONDATION
ARTIFICIELLE DES ŒUFS DE POISSONS

ET

DE LEUR ÉCLOSION,

AU MOYEN DES PROCÉDÉS DÉCOUVERTS

Par MM. REMY et GÉHIN, de la Bresse (Vosges).

pour assurer le repeuplement des cours d'eau.

Suivi de

RÉFLÉXIONS SUR L'ICHTHYOGÉNIE,

PAR

LE DOCTEUR HAXO, D'ÉPINAL,

Secrétaire perpétuel de la Société d'Émulation des Vosges,
Membre de la Société des Sciences, Lettres et Arts de Nancy,
de l'Académie des Sciences de Dijon,
de l'Académie de l'Enseignement de Paris, etc.

NOUVELLE ÉDITION.

ÉPINAL,
De l'Imprimerie de veuve Gley.

1853.

AVERTISSEMENT.

La première édition de ce travail s'est promptement écoulée. Ce succès, je ne l'attribue qu'à l'intérêt
qu'excite partout la question qu'il a eu pour but de
faire connaître; peut-être aussi la position qu'ont
cru pouvoir prendre certains hommes haut placés
dans la science, à l'égard des véritables inventeurs
de *l'art de fabriquer du poisson vivant*, est-elle
pour quelque chose dans la curiosité qu'a excitée
ma brochure; c'est sans doute ce qui la fait chaque
jour rechercher davantage par les personnes que
l'iniquité révolte et auxquelles les détails qu'elle
renferme étaient d'ailleurs entièrement inconnus.

Sans m'enorgueillir le moins du monde de la
bienveillance avec laquelle mon ouvrage a été accueilli du public, je me plais à constater que bien
qu'il ne soit pas l'œuvre d'un savant en renom,

il n'en a pas moins atteint le but que je me proposais en l'écrivant, savoir : de faire connaître la véritable origine de la découverte de *la fécondation artificielle des œufs de poissons*; de rendre à deux hommes dont on s'est efforcé de méconnaître la glorieuse initiative dans cette question, la justice qui leur est due; de vulgariser la connaissance de leurs procédés, en fournissant à chacun la possibilité d'opérer soi-même d'après les règles posées par REMY, *le premier homme de France qui ait fabriqué du poisson vivant*, et les perfectionnements apportés par GÉHIN, l'infatigable propagateur de cette magnifique industrie, née au sein des montagnes des Vosges.

Quelle que soit l'opinion qu'on se forme sur cette question, d'après l'ardente polémique à laquelle elle donne lieu chaque jour, on ne saurait du moins méconnaître qu'avant les travaux de Remy, personne en France ne s'occupait de fécondation artificielle; que c'est de la publicité dont ils ont été l'objet, que datent les diverses tentatives, plus ou moins vastes, plus ou moins heureuses, qui ont été signalées depuis quelques années, et notamment celles qui se font sur une si grande échelle, par MM. Berthot et Detzem, aux environs de Huningue; qu'enfin tout le bruit qui a lieu aujourd'hui dans le domaine de la pisciculture, a pour unique origine l'ingénieuse application des lois de la nature animée, faite par deux simples pêcheurs, au repeuplement des cours d'eau, au moyen de l'éclosion extra-naturelle des œufs de poissons, dont la presque totalité périssait naguère par un concours de circonstances qui, jusqu'alors, avait échappé aux investigations des savants.

Bien des moyens ont été mis en œuvre pour embrouiller une question que la force des choses et le courage de quelques hommes sont enfin parvenus à mettre dans un jour que rien ne pourra désormais obscurcir. Quoiqu'on fasse, quoiqu'on écrive, on ne parviendra plus à donner le change à l'opinion publique, et toutes les affirmations du monde, de quelque hauteur qu'elles partent, n'empêcheront pas qu'il ne soit aujourd'hui parfaitement démontré que, sans le pêcheur Remy :

1° La pisciculture serait encore, à l'heure qu'il est, à l'état de théorie;

2° *L'Art de créer du poisson vivant* serait parfaitement inconnu, du moins en France;

3° M. Milne-Edwards n'aurait pas publié son savant rapport au Ministre sur l'empoissonnement des rivières;

4° L'établissement de Huningue n'existerait pas et n'aurait pas de raison d'être;

5° M. Coste ne ferait pas fort commodément éclore des œufs de saumon dans le laboratoire du collége de France; il n'aurait pas surtout l'occasion de faire à ses collègues de l'Institut, des rapports sur la pisciculture, dans lesquels il n'est question des deux pêcheurs vosgiens, qu'accidentellement et en termes pleins d'un superbe dédain.

Ces vérités, il n'est au pouvoir de personne de les

affaiblir, encore moins de les contester ; grâce à M.
l'abbé Moigno, à M. Victor Meunier, à M. Desdouits,
à M. Levavasseur, et à d'autres écrivains honorables,
tant de la presse de Paris que de celle des départements,
le triomphe de la vérité est assuré, l'usurpation n'est
plus possible. Qu'ils reçoivent ici le témoignage public
de ma reconnaissance, pour le concours puissant
et désintéressé que j'ai trouvé en eux, et que j'y
trouve encore chaque jour.

Epinal, 10 mars 1853.

Dr HAXO.

A l'appui de ces conclusions, je crois devoir citer
la lettre suivante que M. Ch. Vogt, professeur à
l'Académie de Genève a adressée, le 3 mars dernier,
à M. Victor Meunier, rédacteur du bulletin scientifique du journal la *Presse.*

Je la cite dans son entier, parce que d'une part,
elle démontre d'une manière complète que Remy
n'a rien à perdre à la mise en lumière de tous les
documents scientifiques qui viennent chaque jour se
grouper autour de cette question si intéressante *de
la fécondation artificielle des œufs de poissons,*
puisque plus ils s'accumulent, plus ils tendent à
établir clairement, qu'il est bien le créateur, en
France, de la magnifique industrie qui a pour but
la *création de poissons vivants ;* et que, d'autre part,
cette lettre prouve jusqu'à l'évidence, que M. Coste
n'a aucun titre à s'attribuer, comme il le fait en

toute occasion, le mérite de cette industrie, à la création et aux progrès de laquelle il n'a contribué d'aucune espèce de manière.

Voici cette lettre :

PISCICULTURE.

« Monsieur,

» C'est avec la plus vive satisfaction que je viens de lire votre excellent article sur la pisciculture, publié dans la *Presse*. C'est bien une question de justice que vous avez traitée. Permettez donc que je vous apporte quelques faits qui pourront peut-être servir à éclairer encore davantage cette question.

» Dans son mémoire, M. Coste parle au nom de la science. Distinguons donc pour le moment, dans cette question importante, la pisciculture, deux séries de faits : la discussion scientifique sur les bases du procédé que l'on appelle la fécondation artificielle, et l'application de ce procédé à l'industrie et à l'éducation des poissons. Recherchons la part que M. Coste a prise dans l'une ou l'autre de ces questions.

» Vous trouverez dans mon ouvrage sur l'Embryologie des salmones (1) l'histoire de la fécondation artificielle appliquée aux poissons. Vous y lirez surtout, au chapitre II, page 14, le passage suivant :

(1) *Histoire naturelle des poissons d'eau douce de l'Europe centrale,* par L. Agassiz. — *Embryologie des salmones,* par L. Vogt. Neufchâtel, 1842.

« Dans son ouvrage sur le développement des poissons, M. Baer
se plaint de la difficulté de se procurer du frai propre à servir
à l'observation du développement embryologique. Il ne songea pas
à opérer la fécondation artificielle. C'est Rusconi qui, le premier,
eut recours à ce procédé en l'appliquant à l'œuf de la tanche,
dont il a décrit le développement (1). Quoique l'opération de la
fécondation artificielle soit très-facile, et malgré la précision avec
laquelle il permet de déterminer la durée du développement dans
l'œuf, le procédé de Rusconi était resté à peu près inconnu à la
plupart des naturalistes. Nous-même, en commençant nos essais,
nous n'avions aucune connaissance du travail du savant italien, et
ce n'est que longtemps après, lorsque le développement de nos
œufs fut achevé, qu'ayant lu ces observations dans les archives
de Muller, nous pûmes comparer sa méthode avec la nôtre. L'industrie avait déjà cependant tiré parti de ce procédé, car en Allemagne on a commencé à multiplier de cette manière, avec un
plein succès, dès la fin du siècle passé, les truites et les carpes,
et maintenant la même chose se pratique en Angleterre pour les
saumons.

» Ce n'était pas là, du reste, un titre considérable à la gloire
scientifique, que d'appliquer aux poissons un procédé que Spallanzani avait mis en usage depuis fort longtemps pour les grenouilles.
Mais ce procédé était oublié, et notre seul mérite consistait à lui
donner une grande publicité. Mes premières expériences dataient
de 1839. Je les communiquai, en automne 1840, aux congrès
scientifiques réunis à Mayence et à Strasbourg. Le procédé était
connu depuis ce temps-là, et appliqué par un grand nombre de
savants à d'autres classes du règne animal.

» On chercherait en vain à citer M. Coste dans l'histoire des
travaux scientifiques sur cette question.

» Passons donc à la question de l'application industrielle du
procédé :

» J'ai devant moi le n° 37 du *Journal des associations d'agri-*

(1) *Archives d'anatomie,* etc., de J. Muller. 1836.

culture du grand-duché de Hesse , du 10 septembre 1840 (1). Je traduis, mot pour mot, le commencement d'un article :

» Sur la culture et la propagation des truites, par M. Knoche, fermier des domaines , à Loberden (Hesse-Electorale).

» Le forestier Francke ayant fait , dans les piscines du prince de Schaumburg-Lippe , il y a plusieurs années déjà , une expérience couronnée de succès de la propagation des truites par fécondation artificielle , j'ai répété à la ferme nommée Oelbergen les mêmes expériences avec grand succès.

» On trouve déjà dans l'ouvrage de M. Hartig sur la pisciculture (2) une description du procédé qu'on doit employer pour cette propagation. La direction de l'association d'agriculture m'ayant demandé la communication de mon procédé , je m'empresse d'obtempérer à cette demande en y ajoutant des notes sur ses résultats. »

» Je ne traduirai point les pages suivantes , le sujet étant connu à présent. Mais ceux qui voudront consulter les quelques pages de M. Knoche y trouveront toutes les indications nécessaires pour l'exercice de cette industrie , jusqu'aux dimensions des sauges employées pour l'éclosion , et jusqu'aux précautions à prendre pour préserver les œufs des attaques de leurs ennemis. Ils y trouveront également les instructions nécessaires pour l'éducation ultérieure des jeunes poissons , que M. Knoche transporte , quinze jours après l'éclosion , dans une petite piscine, et , après une année , dans une piscine plus grande.

« M. Knoche termine par ces mots :

« J'ai obtenu par ce procédé , depuis six ans que je le pratique, environ huit cents jeunes poissons sur mille à douze cents. Après une année , je ne retrouvais , dans la petite piscine , que la moitié des poissons , soit que les autres fussent morts ou qu'ils

(1) *Zeitschrist für die landwirthsch\fllichen verein des Grosoherzog-thums Helssen.* Année 1840. N° 37, page 407.

(2) *Lehrbuch der Teichwirthschrft, etc. Von Hartig, Landforstmeister.* Cassel , 1831.

fussent échappés de la piscine, ce qui est fort probable, vu l'impossibilité de fermer les piscines entièrement à des poissons d'une taille si exiguë. Sauf cette perte, les poissons réussissent très-bien, et j'ai fait, depuis trois ans, sur les poissons fabriqués de cette manière, une récolte de trois à quatre cents truites par an, qui étaient âgées de trois à quatre ans, et dont les plus âgées pesaient de trois quarts à une livre. »

» Je pourrais vous parler encore, Monsieur, d'un arrêt du gouvernement de Neufchâtel, rendu en 1842, si je ne me trompe, sur la demande de M. Agassiz, qui donnait aux pêcheurs une instruction complète sur la fécondation artificielle des poissons. Mais je dois m'arrêter.

» Les faits que je viens de vous signaler n'ôtent rien au mérite de M. Remy, observateur et intelligent et infatigable, qui n'était pas dans la position de pouvoir connaître les travaux de ses devanciers. *C'est incontestablement lui qui a doté la France d'une nouvelle industrie*, comme l'a reconnu M. Milne Edwards. Mais M. Coste devait connaître tous ces travaux ; n'est-il pas payé pour cela ? Or, je cherche inutilement la part que ce savant académicien aurait prise au développement de cette industrie ; je cherche en vain un point nouveau qu'il aurait mis en lumière, une extension nouvelle qu'il aurait donnée.

» Recevez, Monsieur, l'assurance de ma haute considération.

» Cu. VOGT,

» Professeur à l'Académie de Genève.

» Genève, ce 3 mars 1853. »

AVANT-PROPOS.

De toutes les découvertes qu'a vu naître l'époque actuelle, celle *de la fécondation artificielle* et *de l'éclosion* des œufs de poissons, si elle n'est pas la plus brillante, est du moins l'une des plus utiles, parce qu'elle est une des plus immédiatement applicables.

Longtemps cherchée par les savants de profession, la solution de ce problème de physiologie expérimentale entrevue par Spallanzani, dans ses recherches sur les lois qui président à la reproduction des êtres vivants, essayée par le comte de Golstein vers le milieu du siècle dernier, était restée jusqu'à ces derniers temps à l'état d'expérience incomplète, et semblait devoir

encore longtemps se faire attendre. M. de Quatrefages, dans une communication faite à l'Académie
des Sciences, en octobre 1848, au sujet des fécondations artificielles appliquées à l'élève du poisson,
se bornait à faire considérer comme facilement réalisable la théorie que Golstein n'avait que très-impar
faitement appliquée à la reproduction du saumon.

Des expériences de Spallanzani et de ses imitateurs, Rusconi, Jacoby, Boccius, des tentatives
de Golstein on avait bien pu conclure qu'on pouvait
semer du poisson comme du grain, et repeupler
les cours d'eau épuisés, au moyen des œufs fécondés;
mais c'était là de la pure théorie, et le savant
naturaliste qui avait formulé ces conclusions, n'avait
pu indiquer, ni les moyens de fécondation, ni une
méthode assurée d'éclosion des œufs fécondés, encore moins des procédés d'élevage et d'éducation
du frai ; or là était toute la difficulté.

En effet, jeter dans un cours d'eau des œufs de poisson sans avoir même la certitude qu'ils sont fécondés,
les exposer à toutes les éventualités qui tendent
plutôt à les détruire qu'à assurer leur éclosion,
ce n'était, on l'avouera, que très-imparfaitement
remédier au mal que signalait M. de Quatrefages,
c'est-à-dire, l'appauvrissement de la pêche fluviatile,
et par suite la destruction toujours croissante des
poissons dans nos fleuves et nos rivières.

Le difficile n'était pas de confier ainsi au hasard
le soin de combler les vides qui se faisaient de plus

en plus remarquer, au grand détriment des populations riveraines qui, non-seulement trouvent dans la pêche du poisson, une source d'alimentation aussi saine qu'agréable, mais encore une industrie considérable ; l'essentiel était d'assurer réellement le repeuplement des rivières en y jetant de jeunes poissons fraîchement éclos, réunissant toutes les conditions d'existence et de force propres à les garantir de toutes chances de destruction. Ce que n'avaient pu faire des savants, deux simples pêcheurs vosgiens le tentèrent, et cela avec un tel succès, qu'aujourd'hui, non-seulement le problème est complétement résolu, mais que la fécondation artificielle et l'éclosion des œufs de poissons est devenue une industrie régulière, ayant ses moyens assurés d'exécution, sa théorie complète, sa pratique aussi simple que facile, qu'un grand nombre de personnes exercent actuellement, plus ou moins heureusement, sur tous les points de la France, et même du continent Européen.

Beaucoup de documents ont été publiés depuis quelques années au sujet de la découverte de MM. Remy et Géhin, de la Bresse ; ces documents, pour la plupart disséminés dans les journaux, dans les recueils des sociétés savantes, dans les revues, sont à peu près inconnus, ou du moins ils sont généralement ignorés et n'existent qu'à l'état de renseignements ; d'un autre côté n'étant nullement coordonnés entre eux, ils ne peuvent être consultés avec fruit par

ceux qui, désireux de connaître cette question depuis son origine jusqu'aujourd'hui, voudraient en
étudier la marche et en constater les développements;
de plus, ces documents sont d'ailleurs incomplets,
leur isolement même leur fait perdre une grande
partie de l'importance qu'ils pourraient avoir s'ils
étaient recueillis et mis en regard les uns des autres.
C'est ce qui m'a décidé à entreprendre ce travail dont
il me semble difficile, au moins à ce point de vue, de
contester l'utilité.

Mais si le désir d'exposer la question dans son
ensemble, de manière à en faciliter l'étude et à
provoquer des observations utiles, a été l'un des
motifs qui m'ont conduit à publier ce que j'ai pu
réunir de renseignements sur ce sujet, je dois avouer
que ce n'a pas été le seul, ni même le plus puissant.

Appelé dès les premiers temps à m'occuper des
travaux des deux pêcheurs vosgiens, ayant peut-
être plus que personne encouragé leurs premiers
efforts, applaudi à leurs premiers succès, je me
suis toujours spécialement attaché à conserver à la
découverte qui fut le fruit de leurs labeurs, de leur
persévérance, le caractère vosgien qu'elle avait dès
son originé et qu'on ne peut lui enlever sans injustice; je me suis constamment efforcé de leur
assurer le mérite, je puis dire la gloire, d'un système
qui est bien à eux, auquel on chercherait en vain
à donner une autre origine que celle qu'il a en réalité et qui est aujourd'hui universellement reconnue.

Cette préoccupation, que j'ai peut-être poussée jusqu'à l'excès, n'a pourtant pas toujours été inutile; à diverses reprises, et même dans des publications officielles, on a voulu faire considérer le problème de la fécondation artificielle comme depuis long-temps résolu, lorsqu'il a été, pour la première fois, question des travaux de Remy et de Géhin; peu s'en est fallu même qu'on n'ait fait considérer leur découverte comme une réminiscence de recherches antérieures, et leur succès comme une sorte d'u-surpation ou de plagiat. De ce que des savants physiologistes avaient fait quelques tentatives à peu près infructueuses qui, pour eux, étaient bien plutôt des moyens d'arriver à la solution d'un pro-blème scientifique, que des essais dont ils dussent se promettre une déduction pratique, immédiate-ment réalisable, on avait conclu que les deux pê-cheurs vosgiens n'avaient que le mérite de l'application d'une théorie trouvée par d'autres, et que, partant, c'était à la science elle-même, et non à eux, qu'il fal-lait rapporter tout l'honneur de cette belle découverte.

Le temps a fait justice, il est vrai, de prétentions aussi contraires à la vérité; mais il n'a pas été sans utilité d'insister fortement, et à plusieurs reprises, sur ce point important; si l'on a enfin rendu justice à nos deux compatriotes, si dans un travail récent (1),

(1) Rapport fait à la Société Philomatique au nom d'une commission composée de MM. Charles Martins, Brown-Sequard, C. Robin et de Quatrefages, rapporteur.

remarquable à plus d'un titre, la question de possession et de priorité a été résolue en leur faveur, les efforts que j'ai faits n'ont point été peut-être étrangers à ce résultat, et j'ai lieu de me féliciter que les Vosges ne soient pas dépouillées de l'honneur qui leur revient de l'admirable découverte de MM. Remy et Géhin. Enfin un dernier motif m'a guidé : c'est pour mettre en paix ma conscience que j'ai entrepris ce travail auquel ces lignes servent de préambule.

En effet, dans les divers renseignements que j'ai eu l'occasion de communiquer aux nombreux correspondants que m'a valus ma coopération aux succès de nos deux pêcheurs, dans les observations que j'ai publiées à ce sujet (1), ignorant la part réelle de mérite qui revenait à chacun dans les résultats obtenus, je l'ai trop inégalement répartie entre Remy et Géhin : le temps est venu de rendre à César ce qui appartient à César, et de dire quel est, en réalité, le rôle de chacun dans l'œuvre à laquelle ils ont travaillé de concert.

La vérité me fait un devoir de déclarer que si Géhin est le metteur en scène du procédé de fécondation artificielle et d'éclosion des œufs de poisson, c'est spécialement à Remy qu'on doit l'indication des moyens par lesquels on est parvenu à le réaliser ; que c'est à sa persévérance, à ses observations

____

(1) *Réflexions sur l'ichthyogénie.* (Epinal, 1851.) Voir à l'appendice, à la fin de ce volume.

constantes sur les mœurs de la truite, à son étude sans relâche des causes de destruction du frai, et par suite, de la dépopulation des cours d'eau de nos montagnes, qu'on est redevable du système ingénieux qu'il a imaginé pour remédier à ces inconvénients si graves pour lui, simple pêcheur, n'exerçant pas d'autre industrie, et qui voyait avec chagrin diminuer ses chances de réussite, et par conséquent ses moyens d'existence.

Géhin, lui, n'était pas même pêcheur de profession, mais doué d'une intelligence peu commune, d'une grande perspicacité, d'un génie d'observation qui n'a d'égal que son habileté d'exécution et la justesse de son coup d'œil, il envisagea la découverte de Remy avec une sûreté de vue qui lui permit d'en prévoir toutes les conséquences, et qui devait lui assurer un succès qui fait rarement défaut à la persévérance, et surtout à la confiance en soi-même.

Mon but n'est point assurément de diminuer la part de mérite qui revient à Géhin ; loin de là, je n'hésite pas à dire que c'est à lui qu'on doit le succès, qui eût été douteux si le secret de la découverte fût resté tout entier à Remy ; mais je ne puis, sans injustice flagrante, ne pas faire ici une réparation éclatante à ce dernier. C'est Remy, c'est lui seul qui, à force d'étude, de patience et d'observations, prenant pour ainsi dire la nature sur le fait, a imaginé les moyens de parer à la destruction du frai, de le placer dans des conditions qui assurassent son éclosion.

C'est lui qui s'est avisé de se procurer des œufs par la parturition artificielle et forcée de la femelle, et de les faire féconder par le mâle, par des moyens analogues.

C'est lui qui a fait les premiers essais et dont la persévérante obstination a procuré les premiers succès.

Géhin, lui, a fait sortir la question des limites étroites de la localité où elle était renfermée ; c'est lui qui l'a produite au grand jour, qui a fait toutes les démarches qui devaient appeler l'attention sur les procédés de Remy, qui a éveillé la sollicitude de la Société d'Émulation des Vosges (1), qui, enfin, a assuré le succès de l'œuvre qu'il s'est d'ailleurs rendue commune avec Remy, en perfectionnant les procédés de fécondation, de conservation et d'éducation du frai.

Ainsi donc, justice soit rendue à nos deux pêcheurs ; si l'un est l'auteur de la découverte, l'autre est l'auteur de son succès.

Si Remy a résolu le problème, c'est Géhin qui en a fait connaître la solution et en a vulgarisé l'application.

____

(1) Pour rendre hommage à la vérité, je dois déclarer que M. Walroff, négociant à Épinal, a pris une large part à toutes les démarches de Géhin, que c'est par son intermédiaire que j'ai été mis en rapport avec les deux pêcheurs de la Bresse, et qu'une bonne part du succès doit lui être attribuée.

DE LA
FÉCONDATION ARTIFICIELLE.

Pour obéir à la grande loi de la conservation des êtres, par la multiplication des individus, chaque espèce d'animal a son mode de reproduction.

Chez presque toutes, le rapprochement des sexes est indispensable, et ce n'est qu'à la suite de l'accouplement qu'il y a production d'un ou plusieurs individus semblables au type. Chez les poissons il n'en est pas de même ; dans le plus grand nombre, le rapprochement n'a pas lieu, l'accouplement n'est pas nécessaire pour qu'il y ait reproduction de l'espèce ; la femelle conçoit sans la participation du mâle, et ce n'est que lorsque les œufs sont sortis du sein de la mère que le mâle les féconde au moyen de la liqueur prolifique qu'il vient répandre sur eux ; c'est ainsi qu'il leur communique le principe de vie qui, en se développant, amènera l'éclosion du germe et la naissance d'un fœtus (1).

Cette opération, complexe comme on le voit, ne se fait pas toujours sans difficultés, et pour qu'elle réussisse complétement il faut qu'elle rencontre des conditions favorables qui ne manquent que trop souvent. Ainsi les œufs peuvent être entraînés par le courant; déposés sur les bords des cours d'eau grossis momentanément par quelque orage, ou par la fonte des neiges, ils peuvent être laissés ensuite à sec par suite du retrait des eaux; enfin, par toute autre circonstance fortuite, ils échappent souvent à l'action de la liqueur fécondante.

Si à ces causes de non fécondation on ajoute les causes nombreuses de destruction des œufs fécondés, et celles plus nombreuses encore qui atteignent les jeunes individus après leur éclosion, on comprendra que, malgré l'extrême fécondité des femelles, surtout dans certaines espèces, il n'y ait qu'une très-petite quantité d'œufs qui arrivent à maturité, en parcourant sans accident toutes les phases de leur entier développement.

Cela suffit à expliquer le dépeuplement des cours d'eau et l'appauvrissement, pour ne pas dire l'extinction presque complète de certaines espèces.

Qu'importe en effet qu'une perche de moyenne grosseur, par exemple, renferme 69,000 œufs; qu'une femelle de brochet de dix kilogrammes, en ait présenté jusqu'à 160,000; une carpe d'un kilogramme environ 167,000; une morue, selon Leuvenkoëck, 9,346,000; si la plupart de ces œufs

(1) Cependant il **est plusieurs** espèces et des genres mêmes, tels que les squales, par exemple, où il y a accouplement, et où de longs oviductes faisant fonction, en quelque sorte, de matrice, les œufs y éclosent, de sorte que les petits naissent vivants. (Dictionnaire d'histoire naturelle, art. poissons.)

ne rencontrent pas les conditions nécessaires pour qu'ils arrivent à éclosion, non-seulement l'espèce ne s'accroîtra pas sensiblement, mais la guerre acharnée que font en tous lieux les pêcheurs, surtout aux poissons d'eau douce, même pendant le frai, se joignant aux causes de destruction que rencontrent les œufs à chaque époque de ponte, il pourr a arriver que certaines espèces deviendront de plus en plus rares et tendront à disparaître, surtout si ces espèces sont délicates et recherchées.

C'est précisément ce qui est arrivé dans le département des Vosges pour la truite, le plus estimé des poissons que nourrissent les cours d'eau de ce pays, particulièrement dans la région montagneuse.

Depuis longtemps une diminution notable se faisait remarquer dans la production de cette espèce de poisson, dont il se fait une grande consommation.

Un simple pêcheur de la Bresse, commune de l'arrondissement de Remiremont, située dans la partie la plus élevée du canton de Saulxures, le nommé Joseph Remy, doué d'un grand bon sens, de beaucoup de tact et d'un certain esprit d'observation, avait remarqué que la truite autrefois commune dans les ruisseaux de ses montagnes, avait sensiblement diminué, à tel point que chaque année, il devenait plus difficile d'en trouver.

Comme cette diminution portait un grand préjudice à son industrie, il résolut d'en chercher les causes et d'y remédier si cela lui était possible.

Il savait que vers la mi-novembre, la truite, poussée par son instinct naturel, remonte les cours d'eau et vient frayer, c'est-à-dire déposer ses œufs, vers leur partie supérieure, dans les endroits les plus tranquilles, là où son instinct lui dit qu'elle sera moins inquiétée ; il l'épia et se mit à l'observer : il vit alors qu'arrivée dans le lieu qu'elle a choisi, pour y opérer sa ponte, elle frotte doucement, et à plusieurs reprises, son ventre sur le gravier du lit de la rivière , déplace de petites pierres avec sa queue , et parvient à les ranger en une sorte de digue, qu'elle oppose à la rapidité du courant, et dans les interstices de laquelle elle dépose ses œufs ; que bientôt après le mâle, conduit par une sorte d'attraction, vient répandre sur ces œufs la laite qu'il contient, c'est-à-dire la liqueur séminale destinée à féconder ces œufs, à leur donner la vie ; et qu'au moment de l'éjaculation de ce mâle, l'eau se trouble légèrement pour reprendre, bientôt après, sa limpidité habituelle.

Il fut bien des fois témoin de ce curieux spectacle , et ce secret, que son observation avait pour ainsi dire dérobé à la nature , éveilla son intelligence et fit fermenter son imagination. Il ne lui avait pas échappé que la femelle , après la fécondation des œufs par le mâle , s'efforce par de nouveaux frottements de recouvrir sa ponte avec du sable et du gravier , afin sans doute de la soustraire aux regards perçants des oiseaux de proie , fort avides de cette sorte de mets, et d'empêcher aussi qu'elle ne soit entraînée par le courant de l'eau , accident que la truite cherche à éviter , en choisissant de préférence les petites criques qui se trouvent fréquemment sur les bords des ruisseaux , ou bien les dépressions du lit du cours d'eau , situées derrière de grosses pierres.

Malgré ces précautions que l'instinct merveilleux de la truite lui indique comme devant préserver de tout accident la jeune famille qu'elle prépare , Remy s'assura que les œufs étaient souvent entraînés ; que d'autres fois l'eau en se retirant les laissait à sec sous le lit de sable qui les recouvre, que les glaces qui ne tardaient pas à venir, ajoutaient encore aux fâcheuses conditions dans lesquelles ils se trouvaient; qu'en un mot la ponte disparaissait souvent, et avec elle l'espoir d'une nouvelle génération.

Il se demanda alors comment il pourrait préserver les

œufs, ainsi déposés par les femelles de truites, de tant de chances de destruction, et bientôt il fut conduit à les enlever pour les placer dans des conditions plus favorables à leur éclosion. Il construisit alors des boîtes grossières en bois, percées d'une grande quantité de trous, qu'il déposa dans le bassin d'une source ou dans le courant des ruisseaux ; mais la malveillance ayant détruit ses premiers essais, il ne réussit que très-imparfaitement ; une grande difficulté se présenta d'ailleurs à lui, dès le début de ses expériences.

Il arrive très-souvent que les œufs déposés par la femelle de la truite ne sont pas fécondés immédiatement par le mâle, et que plusieurs jours se passent entre ces deux opérations ; comment reconnaître alors que les œufs qu'on se propose d'enlever, pour les préserver de toutes fâcheuses aventures, ont été fécondés ; car s'ils ne le sont pas, à quoi sert de les mettre à l'abri, puisqu'ils ne peuvent éclore ? C'était là, on en conviendra, une objection grave, que le bon sens de Remy ne tarda pas à soulever ; aussi le jeta-t-elle dans des perplexités qu'il faut lui avoir entendu raconter, pour s'en faire une juste idée.

Pour sortir de cette difficulté il s'ingénia, et se mit de plus belle à observer la truite dans son travail de parturition.

Couché dans les hautes herbes qui bordent les cours d'eau, il suivait d'un œil avide les diverses manœuvres auxquelles se livre la femelle pour creuser son sillon ; la nuit même ne l'arrêtait pas ; par le clair de lune, et malgré le froid, qui se fait déjà si rudement sentir en novembre dans les montagnes, il restait obstinément à son observatoire, et il finit par s'imaginer que ces frottements continuels de la truite contre le lit du ruisseau, ne devaient pas seulement avoir pour objet de préparer le lit destiné à sa ponte, mais qu'ils devaient encore servir à faciliter la sortie des œufs.

Remy savait d'ailleurs, par expérience, que lorsqu'on saisit une femelle de truite à l'époque du frai, moment où elles se laissent prendre assez facilement, il suffit de la serrer un peu dans sa main pour en faire sortir les œufs; dès lors il résolut d'essayer si par des frottements doux et multipliés, il ne pourrait pas amener artificiellement la sortie de ces œufs.

Ses premiers essais répondirent à ses espérances, et comme il avait aussi remarqué que le mâle, pour se procurer l'éjaculation de la liqueur fécondante, imite la femelle en se frottant le ventre sur le sable, il suppléa lui-même à cette manœuvre en employant les mêmes moyens que pour la femelle; il eut alors la satisfaction de voir le liquide contenant les œufs se troubler légèrement au contact de la liqueur du mâle, ceux-ci perdre leur transparence et leur couleur orangée tendre, pour devenir opaques, légèrement brunâtres, avec un point noir d'un millimètre environ de diamètre à leur centre; il considéra ce changement de couleur des œufs comme le signe de leur fécondation, et eut dès lors la certitude qu'ainsi transformés ils étaient doués de la faculté d'éclore; ainsi disparaissait la principale difficulté qui s'opposait à la réussite de ses essais.

La découverte de *la fécondation artificielle* était complète; pour que l'éclosion s'en suivît, il ne fallait plus que conserver les œufs dans des conditions analogues à celles qu'ils rencontrent quand ils sont abandonnés à la nature; quelques essais d'abord malheureux, puis suivis de plus de succès, le conduisirent bientôt à la solution complète de la seconde partie de l'important problème cherché depuis longtemps par la science, et qu'il avait résolu sans le savoir.

Telle est, dans toute sa simplicité, l'histoire de cette découverte destinée à faire tant de bruit, et qui causa tant de surprise aux hommes de science.

On voit qu'elle est due tout entière au génie observateur,
à la persévérance d'un simple pêcheur qui, frappé de la
multiplicité des causes de destruction de la truite, dont
la prise et la vente constituaient toute son industrie, re-
chercha avec obstination les moyens d'y remédier, et les
trouva, par l'observation longtemps continuée de la nature
elle-même.

Mais ce secret trouvé, il fallait le faire fructifier, et Remy,
bien que doué de beaucoup d'intelligence et de bon sens,
ne trouvait pas en lui-même les ressources nécessaires pour
mettre à profit son heureuse découverte; c'est alors que la
coopération de Géhin lui devint nécessaire, et lui fut d'un
grand secours : devenu malade par suite des fatigues de sa
vie laborieuse, souvent dépité par des essais malheureux,
Remy fut plus d'une fois sur le point de se laisser aller au
découragement; mais Géhin, bien qu'il ne fût pas pêcheur,
accompagna son ami dans ses courses, l'aida dans ses travaux
et lui rendit plus d'une fois l'espoir, en lui retrempant son
courage. Cependant il est juste de constater qu'à l'époque
où Géhin reçut les premières communications de Remy, le
secret était trouvé, et la question complétement résolue. Sa
collaboration se borna à des améliorations successivement
introduites dans les procédés employés et dans les moyens
d'exécution. Si plus tard, et sous l'impulsion première de
Remy, qui fit de Géhin un véritable et habile pêcheur, celui-ci
acquit une grande dextérité dans les manipulations nécessaires
pour exécuter les diverses opérations de la fécondation et de
l'éclosion, il n'en reste pas moins vrai que c'est Remy seul
qui eut le mérite de la première application, et qu'ainsi la
solution complète de la question lui appartient sans contestation possible.

C'était beaucoup sans doute d'avoir amené les choses à
ce point, et désormais nos deux pêcheurs avaient trouvé

un remède assuré contre la destruction de la truite; mais ce n'était pas tout : il fallait encore faire connaître leurs essais, et tout en se réservant la propriété de ce qu'on peut appeler leur invention, faire part au public des résultats qu'ils avaient obtenus.

Les premières tentatives de Remy paraissent remonter à 1840, mais il ne fut assuré de sa complète réussite qu'au printemps de 1842; ce n'est que vers cette époque qu'il fit quelques démarches pour répandre en dehors de son étroite localité le bruit de ses travaux, et mettre quelques personnes dans sa confidence. Il arriva alors ce qui est ordinaire dans des circonstances analogues; on ne crut pas à ses dires, et les premières personnes auxquelles il parla des résultats merveilleux qu'il avait obtenus, n'y ajoutèrent que peu de foi, ou n'y attachèrent qu'une très-minime importance.

D'après le sage conseil d'un de ses compatriotes, M. Perrin, manufacturier à Cornimont, qui était au courant des travaux de Remy, celui-ci résolut de s'adresser à un homme éminent de Mulhouse, le docteur Müllenbeck, qui s'occupait beaucoup d'histoire naturelle, et dont les relations scientifiques fort étendues pouvaient lui être d'un grand secours. A un jour convenu, en 1843, il lui porta lui-même un bocal contenant des œufs fécondés et qui, d'après ses calculs, devaient éclore, à un jour qu'il avait fixé, sous les yeux mêmes de M. Müllenbeck ; c'est ce qui eut lieu effectivement comme Remy l'avait annoncé, à la grande admiration du savant médecin de Mulhouse.

Malheureusement celui-ci, déjà malade à cette époque, ne tarda pas à être enlevé à la science et à ses nombreux amis, en sorte que Remy n'obtint d'autre résultat de sa démarche que d'avoir éveillé la curiosité de quelques amateurs témoins, avec M. Müllenbeck, de l'éclosion qui se fit sous leurs yeux.

Ce fut peu de temps après que M. Mansion, alors inspecteur des écoles primaires du département des Vosges, en tournée dans l'arrondissement de Remiremont, entendit parler des travaux des deux pêcheurs, et prit à ce sujet quelques informations·

A son retour à Épinal, il communiqua à la Société d'Émulation, dont il était membre, les renseignements qu'il avait recueillis. Sur l'invitation qu'il reçut de cette compagnie, il se fit envoyer, de la Bresse, un vase rempli d'œufs qui ne devaient pas tarder à éclore, et ayant réuni chez lui les membres d'une commission nommée par la Société pour s'occuper de cette affaire, commission dont je faisais partie, il les rendit témoins de l'éclosion de quelques œufs, d'où les fœtus sortirent, et se mirent à vaguer dans l'eau du vase avec une extrême vivacité, sous les yeux étonnés et ravis des membres de la commission.

Un rapport bien circonstancié fut présenté peu de temps après à la Société qui, en adoptant les conclusions, décida qu'une médaille de bronze et une indemnité de cent francs seraient décernées à chacun des deux pêcheurs de la Bresse. Cette récompense leur fut en effet remise par M. de la Bergerie, alors Préfet des Vosges, dans la séance publique du 2 mai 1844.

Près d'un an avant cette époque, le 25 mars 1843, Remy avait adressé à M. le Préfet des Vosges la demande suivante qui ne fut suivie d'aucun résultat. Je reproduis en entier ce document, parce qu'il peint mieux que je ne pourrais le faire, les premières tentatives de Remy, ses premiers succès et le peu d'attention qu'il obtint.

« Joseph Remy, pêcheur à la Bresse,

» A Monsieur le Préfet des Vosges, à Épinal.

» Monsieur le Préfet,

» J'ai l'honneur de vous exposer que, par suite des nom_
» breuses expériences que j'ai faites, je suis parvenu, à force
» de soins et de peine, à faire éclore une immense quantité
» d'œufs de truites dont les jeunes, vigoureux et bien por-
» tants, sont propres à repeupler les rivières.

» Je crois devoir mettre sous vos yeux le résumé des moyens
» que j'ai employés pour arriver à ces heureux résultats,
» mais avant je dois dire que les truites, une fois enfermées
» dans les réservoirs, y perdent leurs œufs sans que jamais
» ils puissent produire quelque chose, et que précisément j'ai
» opéré sur les truites enfermées, afin que le pays ne soit
» plus privé davantage de leurs fruits.

» A l'époque du frai, au commencement de novembre,
» au moment où les œufs se détachent dans le ventre de la
» truite, j'ai, en passant le pouce et en pressant légèrement
» sur le ventre de la femelle, sans qu'il en résulte aucun
» mal pour elle, fait sortir les œufs que j'ai placés d'abord
» dans un vase où se trouvait de l'eau ; après j'ai pris le mâle,
» et, en opérant comme pour la femelle, j'ai fait couler le
» lait sur les œufs, jusqu'à ce que l'eau soit blanchie.

» Aussitôt cette opération faite et les œufs devenus clairs,
» je les ai déposés dans des boîtes en fer blanc percées de
» mille trous, et entre des grains de gros sable dont les fonds
» se trouvent bien garnis ; j'ai placé une de ces boîtes dans une
» fontaine d'eau pure, et d'autres dans l'eau de la rivière de la
» Bresse, dans un endroit assez tranquille, quoique courant
» un peu. Vers le milieu de février, les œufs de la boîte
» placée dans la source commençaient déjà à éclore, tandis
» que ceux déposés dans la rivière n'ont commencé que le
» 20 mars. J'ai aussi remarqué que dans les premiers il
» s'en trouvait beaucoup qui n'avaient pas réussi, tandis
» que presque tous les autres prenaient vie. Avant qu'ils
» n'éclosent, on aperçoit parfaitement, à travers la peau de
» l'œuf, la forme du poisson arrondie, la queue venant toucher
» la tête, les yeux paraissant comme deux points noirs et
» bien marqués.

» En sortant, les petits dont la queue se dégage la pre-
» mière, sont blancs, allongés, maigres, la tête grosse,

» conservant sous le ventre l'œuf (1) , qui devient ainsi une
» partie de leur corps, sauf la peau extérieure qui se détache ;
» les petits remuent aussitôt et semblent par leurs élans
» nager de suite avec plaisir. Tous les jours on les voit
» changer de couleur et prendre celle des grands poissons ;
» le corps s'arrondit et se remplit.

» Je possède encore une quantité de ces petits êtres pour
» pouvoir en produire au besoin.

» Une découverte de ce genre , surtout dans un moment
» où les rivières se trouvent presque dépourvues de poissons
» par suite de la sécheresse qui s'est fait sentir l'année dernière ,
» est digne , je crois , de l'intérêt du Gouvernement et des
» autorités qui le composent ; j'ose , en conséquence, Mon-
» sieur le Préfet, m'adresser à vous pour demander la
» récompense que méritent et mes soins et mes peines , et
» les services que je puis avoir rendus à mon pays. Je suis
» avec un profond respect , Monsieur le Préfet , votre très-
» humble et obéissant serviteur.

» La Bresse , le 25 mars 1843. »

Dès que la récompense accordée par la Société d'Émulation
à la persévérance des deux pêcheurs de la Bresse eût appelé
sur eux l'attention publique , ils eurent bien encore à lutter
contre les obstacles que leur suscita la jalousie qui s'essaya
contre eux , mais l'élan était donné et désormais ils n'avaient
plus à redouter l'obscurité ; une éclatante lumière ne devait
pas tarder à briller sur leur découverte.

Le 23 octobre 1848 , M. de Quatrefages lut à l'Académie
des Sciences un mémoire sur cette question : *Des fécondations
artificielles appliquées à l'élève du poisson.*

Dans ce travail remarquable , et qui fit sensation , le
savant naturaliste considère le problème de l'éclosion artificielle plutôt comme entrevu que comme résolu ; selon lui ,

____

(1) La vésicule ombilicale ou vitelline.

Spallanzani ne s'en était occupé que comme moyen auxiliaire, dans ses recherches sur les lois qui président à la reproduction des êtres vivants, et si, en Allemagne le comte de Golstein, vers le milieu du XVIIIe siècle, s'était occupé de l'éclosion artificielle des œufs de saumon, il n'était arrivé qu'à des résultats incomplets ; *en tous cas, le problème restait à résoudre au point de vue pratique.*

M. de Quatrefages disait bien dans son travail qu'au moyen des éclosions artificielles, on peut littéralement *semer du poisson*, et que cette méthode appliquée et perfectionnée par l'expérience, doit donner un jour une impulsion toute nouvelle à l'industrie des étangs ; mais les moyens d'exécution n'y sont indiqués que d'une manière tout à fait vague ; rien de précis, rien de fixe ne permet de partir des généralités qu'il énumère, pour essayer d'une application quelconque et passer de la théorie à la pratique.

Assurément, si quelque renseignement relatif à la découverte de Remy était venu jusqu'au savant professeur, il en aurait dit quelque chose dans ce mémoire remarquable qui excita au plus haut point l'intérêt de l'Académie des Sciences : mais pas un mot n'y est prononcé qui puisse faire supposer que M. de Quatrefages ait entendu parler de recherches et de travaux faits en dehors de la science.

Évidemment la découverte vosgienne n'était pas encore arrivée jusqu'à lui. A la lecture de ce document, que l'Académie des Sciences accueillit avec beaucoup de faveur, je pris la résolution de faire connaître la méthode et les succès des deux pêcheurs vosgiens, et le 2 mars 1849, j'adressai à M. Flourens, l'un des secrétaires perpétuels de l'Académie des Sciences, le rapport suivant :

      « A Monsieur le docteur Flourens, Secrétaire
» perpétuel de l'Académie des Sciences.

    » Monsieur,

  » Dans l'une de ses séances du mois d'octobre dernier,

» l'Académie a reçu de M. de Quatrefages une communica-
» tion relative à la fécondation artificielle des œufs de poissons,
» dans laquelle ce savant naturaliste fait considérer comme
» facilement réalisable, pour l'éclosion artificielle de toute
» espèce de poisson, la théorie que le comte de Golstein
» n'a que très-imparfaitement appliquée à la reproduction du
» saumon.

» Ce n'est que depuis quelques jours que j'ai eu connais-
» sance de cette communication, et j'ai lu avec d'autant plus
» d'intérêt les réflexions de M. de Quatrefages à ce sujet,
» que j'ai à mettre sous les yeux de l'illustre compagnie
» dont vous êtes l'un des interprètes, des faits précis,
» irrécusables, qui constatent que, depuis plusieurs années,
» deux habitants des Vosges, sans connaître, ni les travaux
» antérieurs du comte de Golstein, ni les principes émis
» par M. de Quatrefages, mettent en pratique les préceptes
» recommandés par ce savant et sont parvenus à des résultats
» tels, qu'ils peuvent permettre de considérer le problème
» comme entièrement résolu, et les savantes théories dé-
» duites à l'Académie comme passées dans le domaine des
» faits accomplis.

» En effet, Monsieur, dès l'année 1844, la Société d'É-
» mulation des Vosges, sur le rapport d'une commission
» spéciale, a décerné une prime en numéraire et une médaille
» de bronze à MM. Remy et Géhin, pêcheurs à la Bresse,
» arrondissement de Remiremont, pour avoir fécondé et
» fait éclore artificiellement des œufs de truites.

» Il résulte des termes du rapport et du récit même de
» nos ingénieux pêcheurs, que, réfléchissant depuis long-
» temps aux moyens de parer aux causes multipliées de
» destruction du frai des truites dans les ruisseaux et rivières
» des Vosges, et ayant maintes fois observé que la femelle,
» quand elle veut frayer (ce qui a lieu au mois de novembre),
» se frotte doucement le ventre sur une couche de sable et

» opère ainsi la sortie des œufs nombreux qu'elle dépose sur
» ce sable , au bord des ruisseaux , nos deux pêcheurs en
» conclurent que si l'on pouvait , en s'emparant des femelles,
» peu sauvages au moment du frai , opérer artificiellement
» leur délivrance, et déposer les œufs en lieu sûr , après les
» avoir fait féconder, en provoquant de même la sortie de la
» laite du mâle, l'éclosion de ces œufs serait assurée, toutes
» chances de destruction étant éloignées.

» Ils se livrèrent donc à quelques essais. S'étant emparés
» de quelques femelles pleines , ils pressèrent légèrement
» avec la main sur leur ventre et en firent sortir les œufs
» qui furent reçus d'abord dans un vase rempli d'eau limpide
» et fraîche, dans le fond duquel était un lit de sable fin.
» S'étant aussi procuré un mâle , ils opérèrent de même
» pour en extraire la laite qui fut reçue dans le même vase
» dont l'eau se troubla légèrement , circonstance qui fut pour
» nos expérimentateurs le signe de la fécondation des œufs.
» Le vase fut ensuite placé dans une eau courante (c'était
» une caisse en fer percée d'une multitude de trous) , et
» au mois de mars suivant, ils eurent l'inexprimable sa-
» tisfaction de voir les œufs éclos, et une grande quantité de
» petits poissons s'agiter dans le vase. Ils répétèrent plusieurs
» fois ces expériences, et sous les yeux mêmes de la commis-
» sion , dont j'avais l'honneur de faire partie ainsi que
» M. Mansion , alors inspecteur des écoles primaires dans les
» Vosges, aujourd'hui directeur de l'école normale à Melun
» et dont le témoignage pourrait être invoqué, des éclosions
» eurent lieu ; nous vîmes distinctement le petit poisson
» briser son enveloppe et se mettre à nager dans le vase ;
» je dois même ajouter, et j'y suis autorisé par les deux
» compatriotes au nom desquels je vous adresse cette récla-
» mation, qu'il ne serait ni impossible, ni même difficile
» de répéter l'expérience sous les yeux de l'Académie des
» Sciences, pour peu que ses membres le désirassent : ce serait

» un spectacle qui ne serait pas sans intérêt, et qui aurait
» l'avantage de convaincre les plus incrédules.

» Tel est, Monsieur, le récit très-succinct de l'origine de
» la découverte de MM. Remy et Géhin. Depuis qu'ils ont
» été encouragés par la trop minime récompense qui leur
» a été accordée par la Société d'Émulation des Vosges,
» non-seulement ils ont répété et multiplié leurs expériences,
» dont le résultat ne leur a jamais fait défaut, mais ils se
» sont livrés en grand au repeuplement des ruisseaux et
» rivières de notre pays et des pays voisins, ainsi que cela
» est constaté par les nombreuses pièces probantes que je
» joins ici (1). Aujourd'hui, qu'ils opèrent dans une pièce d'eau
» qu'ils ont construite et qui leur appartient exclusivement,
» ils peuvent offrir aux amateurs une quantité de truites qu'ils
» n'estiment pas à moins de cinq à six millions, depuis l'âge
» d'un an jusqu'à trois ; très-incessamment l'éclosion de cette
» année va augmenter cette multitude, de plusieurs centaines
» de mille ; il est bon d'ajouter que, à la fin de la deu-
» xième année, la petite truite pèse 125 grammes, et qu'à
» la fin de la troisième elle atteint le poids de 250 grammes ;
» c'est surtout à ces deux grosseurs que l'élevin est par
» eux livré au commerce.

» Qu'il me soit permis, en terminant, Monsieur le secré-
» taire perpétuel, d'appeler sur les faits que je viens d'énu-
» mérer, le plus rapidement possible, toute l'attention de
» vos savants confrères, non-seulement dans le but d'assurer
» à nos deux ingénieux pêcheurs vosgiens la priorité d'appli-
» cation d'une théorie qu'ils ne connaissaient même pas, ce
» qui en fait une véritable invention ; mais aussi, et surtout

(1) Ces pièces étaient des certificats émanés de diverses autorités, particulièrement de M. le maire de Wildenstein, commune du département du
Haut-Rhin, voisine de la Bresse, dans laquelle Remy et Géhin ont fait
diverses expériences qui ont complétement réussi.

» dans le but de fixer sur eux la sollicitude du Gouvernement
» afin qu'ils soient au moins indemnisés des dépenses qu'ils ont
» été obligés de faire, eux qui ont à peine de quoi vivre et
» faire vivre leurs familles, et qu'ils trouvent dans une juste
» récompense le dédommagement qui leur est dû pour leurs
» industrieuses et utiles recherches.

» Agréez, Monsieur le Secrétaire perpétuel, les respec-
» tueuses salutations de votre très-humble serviteur. »

Signé HAXO.

Ce rapport, qui venait si complétement justifier les pré-
visions de M. de Quatrefages, fut accueilli avec des marques
non équivoques d'étonnement et de satisfaction, non-seulement par l'Académie elle-même, mais aussi par le public.
Il eut un grand retentissement dans les journaux et appela
sur Remy et Géhin, car ces deux noms étaient désormais
inséparables, l'attention des hommes de science et des hommes
pratiques. M. l'abbé Moigno, dans le *Bulletin du monde
scientifique,* inséré dans le journal la *Presse* du 16 avril
1849, en parle en ces termes : « Parmi les articles de notre
bulletin scientifique qui ont excité un intérêt plus universel,
qui nous ont valu des félicitations plus vives, il faut placer
au premier rang les quelques lignes que nous avons consacrées
aux recherches de M. de Quatrefages sur la *fécondation
artificielle* des œufs de poissons.

« *Aussi est-ce avec une joie véritable que nous venons
enregistrer un fait aussi éminemment curieux que pleinement concluant et ajouter un nouveau chapitre, plus
plein encore d'avenir, à ces curieuses études* » (Suit une
analyse de mon rapport.)

La lettre par laquelle M. Flourens m'annonça le 19 mars
que mon rapport avait été reçu par l'Académie, me prévenait
en même temps qu'il était renvoyé à l'examen d'une commission composée de MM. Duméril, Milne-Edwards et Valenciennes.

Plein de confiance dans la réunion d'hommes aussi distingués, j'attendis le résultat de l'examen qu'on m'annonçait,
et dès ce moment je crus la cause de nos pêcheurs incontestablement gagnée. Cependant ce résultat tardait beaucoup
à venir. Par des circonstances qu'il ne m'était pas donné
de connaître, le rapport de la commission ne se faisait pas,
et les choses menaçaient de tomber dans l'oubli; je crus
devoir alors réclamer l'intervention de quelques membres
de la députation vosgienne à l'Assemblée nationale législative,
près de M. le Ministre de l'agriculture et du commerce,
M. Dumas, et en même temps j'écrivis à M. Milne-Edwards,
l'un des membres de la commission, pensant que je serais
plus heureux, en m'adressant à lui, qu'à M. Duméril, auquel
j'avais écrit et dont je n'avais pas eu de réponse.

Enfin le 26 avril 1850, M. Milne-Edwards m'annonçait
qu'il était officiellement chargé par M. le Ministre *de venir
sur les lieux mêmes* VÉRIFIER LES FAITS QUE J'AVAIS ANNONCÉS
A L'ACADÉMIE *et visiter l'établissement formé par nos intelligents pêcheurs :* « J'ai accepté avec plaisir cette mission,
me disait-il, et je compte me rendre incessamment à Épinal, où
je réclamerai vos bons offices pour entrer en relation avec vos
protégés, que je vous prie de prévenir de mon arrivée. »

D'après cette lettre je me préparai à accompagner à la Bresse
le savant doyen de la faculté des sciences. M. le Préfet des
Vosges, alors en tournée de révision, voulant combiner ses
opérations avec son désir d'être aussi de la partie et de faire les
honneurs de nos montagnes à un homme aussi éminent dans la
science, il fut convenu avec ce magistrat que j'écrirais à M. Milne-
Edwards de tâcher de se trouver sur les lieux le 9 mai 1850.

Malheureusement, la mort inopinée de M. de Blainville,
professeur au muséum d'histoire naturelle et à la faculté
des sciences, obligeant le doyen à quelques mesures propres
à assurer la continuation du cours de l'illustre professeur,
déconcerta ce plan si bien conçu, et M. Milne-Edwards n'ar-

riva dans les Vosges que le 13 mai ; encore m'écrivit-il *de Cologne*, qu'il se voyait obligé de passer par Berlin et l'Angleterre, (pour y faire des recherches relatives à la question d'éclosion artificielle, ainsi que je l'ai appris depuis), et qu'arrivant dans les Vosges par Strasbourg, il gagnerait la Bresse depuis Saint-Dié ; qu'il n'y ferait qu'un très-court séjour, et me verrait lors de son passage à Épinal, pour regagner Paris. Ce plan excluait toute intervention de ma part, et me privait du plaisir d'accompagner M. Milne-Edwards à la Bresse ; quoiqu'il en soit je le vis effectivement le 14 mai, à 9 heures du soir, et seulement pendant quelques minutes. Il se montra très - satisfait de son voyage et me promit de faire à M. le Ministre, sur les travaux de nos deux pêcheurs vosgiens, *un rapport dont les conclusions seraient tout à leur avantage.*

Ce rapport impatiemment attendu parut enfin en septembre, mais il fut loin de répondre à l'espoir qu'il avait fait naître ; comme tous les documents de cette nature, il ne satisfit que fort imparfaitement les personnes qui prenaient à la question l'intérêt qu'elle leur paraissait mériter. En effet, M. Milne - Edwards, au lieu de s'occuper exclusivement de l'examen des procédés de Remy et Géhin, et de mettre en relief le mérite d'une découverte aussi fertile en conséquences pratiques, faite par deux simples pêcheurs tout à fait illétrés, ne connaissant rien des travaux analogues entrepris avant eux par des savants qui, en fin de compte, ont laissé le problème irrésolu, s'efforce, au contraire, par tous moyens, de généraliser la question, de faire envisager les expériences de Remy et Géhin comme n'étant que la continuation des tentatives faites par leurs devanciers, et leur réussite comme une conséquence naturelle de difficultés, vaincues par eux, il est vrai, mais déjà combattues par d'autres.

M. le rapporteur va même plus loin : selon lui la solution du problème, non-seulement n'est pas *rosgienne*, mais elle

n'est pas même *française*, puisque selon lui, M. Boccius,
ingénieur civil de Hammerschmitt, a eu recours au procédé de fécondation artificielle pour repeupler plusieurs rivières de la Grande-Bretagne, et *paraît avoir complétement
réussi*. Ce sont les termes du rapport.

Pour mettre le lecteur en position de juger par lui-même
l'opinion de M. Milne-Edwards, je crois devoir mettre son
rapport complet sous ses yeux. Voici cet important document.

*Rapport sur l'empoissonnement des rivières adressé
à M. le Ministre du commerce, par M. Milne-Edwards,
membre de l'Institut.*

« Monsieur le Ministre,

» Mû par l'intérêt qu'inspirent à juste titre toutes les
» découvertes qui peuvent accroître les ressources alimen-
» taires du pays, vous avez voulu fixer votre opinion sur
» la valeur de divers essais faits depuis quelque temps,
» soit en France, *soit en Angleterre,* pour assurer la mul-
» tiplication du poisson dans les étangs ou les rivières, et
» pour augmenter les produits de la pêche fluviatile.

» Vous m'avez fait l'honneur de soumettre cette question
» à mon examen, et vous m'avez chargé de vous rendre
» *plus particulièrement* compte des résultats obtenus par
» deux pêcheurs qui exercent leur industrie près des sources
» de la Moselle, et qui ont eu recours au procédé de la
» fécondation artificielle pour établir dans les Vosges une
» véritable fabrique de poissons. C'est avec empressement
» que je me suis conformé à ce désir et je m'estimerai
» heureux, Monsieur le Ministre, si les recherches aux-
» quelles je me suis livré, peuvent vous aider à doter notre
» industrie rurale d'une nouvelle source de richesses, dont
» l'importance ne sera méconnue ni par les physiologistes ni
» par les agriculteurs. Le poisson est en effet un aliment
» riche en principes nutritifs, et en augmenter l'abondance,
» soit dans le voisinage de nos côtes, soit dans l'intérieur

» du pays, serait un bienfait réel pour toutes les classes
» de la population. La pêche fluviatile est, en général, peu
» productive en France ; mais il suffit de jeter les yeux
» sur ce qui se passe dans des contrées voisines pour com-
» prendre quelle pourrait en être la valeur, si, à l'aide
» de notre industrie, nous parvenions à peupler de bons
» poissons nos rivières et nos étangs, comme la nature
» elle-même a peuplé les eaux de l'Écosse ou de l'Irlande,
» et comme nos agriculteurs peuplent d'animaux herbivores,
» destinés également à servir à notre subsistance, leurs terres
» à pâturages.

» La pêche fluviatile a été depuis longtemps l'objet de
» mesures réglementaires, destinées à favoriser la repro-
» duction du poisson et à protéger le développement du
» frai. L'ordonnance royale de 1669 forme la base de notre
» législation à ce sujet et contient plusieurs dispositions dont
» l'utilité est incontestable.

» Les propriétaires d'étangs donnent aussi d'ordinaire quel-
» ques soins à l'empoissonnement de ces viviers naturels,
» mais on abandonne au hasard ce qui est relatif à la re-
» production du poisson dans nos rivières, et tout en se
» plaignant amèrement de la diminution toujours croissante
» des produits, on ne s'est que peu occupé des remèdes à
» opposer au mal.

» L'attention du public a été enfin éveillée sur cette question
» à l'occasion d'une lecture faite à l'académie des sciences,
» il y a deux ans, par un de nos zoologistes les plus distingués,
» M. de Quatrefages, ancien professeur à la faculté des
» sciences de Toulouse. Ce savant et élégant écrivain donna
» à nos agriculteurs d'utiles conseils sur l'art d'élever le
» poisson et les engagea fortement à mettre en pratique un
» procédé de multiplication *qui, depuis longtemps, était bien
» connu des physiologistes et qui avait souvent été employé
» dans les expériences de cabinet,* savoir, la fécondation

» artificielle des œufs. *On sait* par les travaux de Spallanzani
» et par les recherches expérimentales dont vous-même,
» Monsieur le Ministre, avec votre ancien collaborateur
» Prévost (de Genève), avez enrichi la science il y a vingt-
» cinq ans, que toute fécondation est le résultat de l'action
» exercée sur l'œuf à l'état de maturité par les spermatozoïdes
» vivants, dont est chargée la liqueur séminale (1) ; que cette
» action a lieu par le contact direct de ces deux éléments
» reproducteurs, et que la puissance physiologique de ces
» mêmes agents peut se conserver pendant un temps plus
» ou moins long, après qu'ils ont été soustraits à l'influence
» des organismes vivants dans le sein desquels ils avaient
» été élaborés.

» Pour un grand nombre d'animaux inférieurs, le rôle
» des parents dans le travail de la procréation, ne consiste
» que dans la formation et l'émission de ces deux éléments
» génériques ; l'œuf n'est fécondé qu'après la ponte et sa
» rencontre avec le spermatozoïde, dont le contact est né-
» cessaire à sa viabilité, n'a lieu que par le concours de
» causes extérieures, indépendantes de l'action des parents,
» les courants qui peuvent s'établir dans l'eau où cette
» semence a été déposée, par exemple. L'expérimentateur
» peut donc déterminer à volonté ce phénomène physiologique
» par le mélange mécanique des œufs et de la liqueur
» séminale de ces animaux, et le même résultat s'obtient aussi
» en fécondant artificiellement les œufs produits par des
» animaux dont la multiplication n'est pas abandonnée de
» la sorte au hasard par la nature, et se trouve assurée par
» l'union des individus procréateurs.

» Les observations des zoologistes montrent aussi que, dans
» l'harmonie générale de la nature, la fécondité des ani-
» maux est réglée, non-seulement en vue des causes de

(1) Assurément ce ne sont pas nos deux pêcheurs qui savaient cela.

» destruction auxquelles les jeunes se trouvent exposés,
» avant que de devenir aptes à concourir eux-mêmes à la
» reproduction de leur espèce, mais aussi en raison des
» chances de non-fécondation que les œufs ont à subir, et
» que là où le contact de ces œufs avec la liqueur séminale
» n'a lieu qu'après leur abandon par la mère et dépend plus
» ou moins complétement du hasard, leur nombre est tou-
» jours beaucoup plus considérable que là où leur viabilité
» est assurée avant qu'ils aient été pondus. Les poissons
» appartiennent pour la plupart à cette catégorie d'animaux
» dont les œufs ne sont fécondés par le mâle que plus ou
» moins longtemps après leur émission et sans que ce der-
» nier ait avec la femelle aucune relation intime.

» Aussi pour déterminer le développement de l'embryon
» dans l'intérieur de ces œufs encore stériles, le phy-
» siologiste n'a-t-il qu'à imiter dans ses expériences de
» laboratoire, ce qui se passe normalement dans la na-
» ture, c'est-à-dire les mettre en contact avec de l'eau chargée
» de laitance ; la fécondation s'en opère aussitôt, et pour
» se procurer cette laitance ainsi que les œufs à féconder,
» il suffit de presser légèrement l'abdomen des mâles et
» des femelles dont les produits sont mûrs et dont la vie
» n'est pas mise en danger par cette opération, ou bien
» encore d'ouvrir le corps d'individus récemment morts,
» car ces œufs et cette laite conservent leur vitalité pendant
» un temps assez long après que la vie a cessé dans les
» êtres qui les ont produits, et on peut même faire
» naître ainsi de deux cadavres une génération nombreuse
» et forte (1).

(1) Après avoir lu ce passage, qui ne croirait que les procédés de fécondation artificielle ne dussent être parfaitement connus, au moins des savants?
et cependant, non-seulement M. de Quatrefages n'en dit pas un seul mot
dans le mémoire qu'il présenta à l'Institut en octobre 1848, mais lorsque la

» Ce fait a été pleinement justifié par le comte de Golstein,
» vers le milieu du siècle dernier, longtemps avant que
» Spallanzani eût publié ses belles recherches sur la gé-
» nération. En 1758, cet observateur judicieux adressa à
» l'un des ancêtres du célèbre Fourcroy, un mémoire fort
» intéressant sur la fécondation artificielle des truites et sur
» l'emploi dont ce procédé était susceptible pour l'empois-
» sonnement des rivières.

» Un extrait du travail de Golstein fut inséré dans un
» ouvrage intitulé les *Soirées Helvétiennes*, et quelques
» années plus tard, en 1770, Duhamel du Monceau en
» donna une traduction dans le troisième volume de son
» *Traité général des pêches*, rédigé par ordre de l'académie
» des sciences.

» Vers la même époque, en 1763, un naturaliste allemand,
» Jacoby, publia à Hambourg une lettre également intéres-
» sante sur l'art d'élever les saumons et les truites et sur
» la production de ces poissons par voie de fécondation ar-
» tificielle.

lettre que j'adressai à ce corps savant le 2 mars 1849, fut lue par **M. Flourens**, elle fut accueillie, au dire de **M.** l'abbé Moigno, présent à la séance,
par un mouvement non équivoque de surprise et de satisfaction, de la part
de tous les membres de l'**Académie des Sciences. M. Milne-Edwards** fut
désigné aussitôt comme membre de la commission chargée de l'examen de
mon rapport, conjointement avec **MM. Duméril et Valenciennes. Com**-
ment se fait-il qu'il n'ait pas fait observer à ses savants collègues que la
question était depuis longtemps connue? comment n'a-t-il pas, séance tenante,
annoncé que non-seulement les procédés de fécondation artificielle étaient
décrits depuis bien des années, et par Golstein, et par Duhamel du Monceau,
et par Jacoby, mais qu'ils avaient été expérimentés avec un plein succès en
Ecosse? Comment attend-il, pour produire ces assertions, que **M.** le
Ministre de l'agriculture et du commerce l'ait officiellement chargé *d'aller
sur les lieux examiner les travaux des deux pêcheurs vosgiens?* Nous
livrons ces réflexions à l'appréciation du lecteur.

» A une époque plus récente, des expériences analogues
» ont été faites en Écosse par le docteur Knox, par M. Shaw
» et par M. Andraw Young. En 1835, M. Rusconi, si bien
» connu des naturalistes par ses travaux sur l'embryologie
» des salamandres, publia dans le soixante-dix-neuvième
» volume de la *Bibliotheca italiana* de nouvelles obser-
» vations sur le développement des poissons, et donna des
» détails également instructifs au sujet de la fécondation
» artificielle des œufs de la tanche et de l'ablette. La tra-
» duction de ce mémoire a été insérée par mes soins dans
» les *Annales des sciences naturelles pour* 1836.

» J'ajouterai aussi que c'est en ayant recours à ce procédé
» de multiplication que MM. Agassiz et Vogt se sont procuré
» tous les embryons nécessaires pour les études sur le dé-
» veloppement de la palée, espèce de salmone des lacs de
» la Suisse, dont ces deux naturalistes ont publié l'histoire
» anatomique en 1842. Le fait physiologique sur lequel
» M. de Quatrefages s'appuyait pour exciter les agriculteurs
» à fabriquer en quelque sorte du poisson comme ils pro-
» duisent du blé ou de la viande, n'offrait donc rien de
» neuf pour les zoologistes, et M. de Quatrefages a été le
» premier à rappeler à la mémoire de ceux-ci les droits de
» Golstein à la découverte de la fécondation artificielle. Mais
» par suite de notre système d'éducation les vérités devenues
» presque banales pour les naturalistes, sont d'ordinaire
» complétement ignorées de la plupart des hommes, même
» les plus instruits, et il n'était pas inutile d'appeler forte-
» ment l'attention du public sur cette application de la science
» à l'industrie rurale; *car non-seulement celle-ci n'avait tiré*
» *jusqu'alors aucun profit des résultats signalés par cet au-*
» *teur,* mais je ne crains pas de me tromper en affirmant qu'il
» n'y avait pas en France dix agronomes qui eussent la

» moindre idée du service que les physiologistes leur offraient
» depuis si longtemps (1).

» Nous ne devons donc pas nous étonner de voir que,
» dans une des vallées les plus reculées de la chaîne des
» Vosges, deux pêcheurs illétrés, mais doués par la nature
» d'un esprit d'observation remarquable et d'une persévérance
» plus rare encore parmi nous, aient ignoré toutes ces choses
» et que, voulant porter remède au dépérissement dont leur
» industrie était frappée, *ils aient employé plusieurs années*
» *de leur vie à* REFAIRE *laborieusement les expériences des*
» *physiologistes que je viens de citer, et à découvrir par*
» *eux-mêmes ce que les naturalistes savaient depuis plus*
» *d'un siècle.*

» Mais si ces pauvres paysans de la Bresse ont été devancés
» dans leurs recherches par les hommes de science, et s'ils
» n'ont enrichi l'histoire naturelle d'aucun résultat nouveau,
» ils n'en sont pas moins dignes d'intérêt, et ils ont droit
» à notre reconnaissance, *car ils paraissent* avoir été les pre-
» miers à faire chez nous l'application de la découverte des
» fécondations artificielles à l'élève du poisson, et ils ont
» le mérite d'avoir créé ainsi en France une industrie
» nouvelle.

» Les premiers essais de MM. Géhin et Remy, dont il vient
» d'être [question, datent de 1842.

» Ayant constaté par une longue suite d'observations le
» mode de reproduction de la truite, et s'étant assurés de
» la possibilité d'opérer à volonté la fécondation de ses œufs,

(1) Assurément **M. Milne-Edwards** a raison : Il n'y avait pas en France
dix agronomes qui se doutassent du service que les *physiologistes leur*
offraient depuis si longtemps; et comment s'en seraient-ils douté, puisqu'il n'y a trace nulle part de ces prétendues offres de service ? **M. de**
Quatrefages lui-même n'en parle pas dans son travail soumis à l'Académie
des Sciences, il dit même le contraire dans son rapport à la Société
phylotechnique que je cite plus loin.

» domen d'une femelle prête à pondre, les œufs qui en
» tombent doivent être reçus dans un vase contenant de l'eau,
» et ensuite arrosés avec de la laite obtenue de la même
» manière et également délayée dans de l'eau.

» Si ces produits ne sont pas arrivés à terme au moment
» où l'on commence l'opération, ils ne s'écoulent que sous
» l'influence d'une pression forte et il faut alors laisser le
» poisson dans une réserve pendant quelques jours, avant
» que de déterminer cette espèce d'accouchement forcé, car
» ni les œufs ni la laite ne pourraient être employés uti-
» lement dans un état d'immaturité, et la vie des poissons
» procréateurs serait mise en danger par des manœuvres
» violentes.

» Au contact de l'eau spermatisée, les œufs changent de
» teinte; avant la fécondation ils sont transparents et jaunâtres;
» aussitôt fécondés, ils deviennent blanchâtres ou plutôt
» opalins. Une truite âgée de deux ans seulement (1), et pesant
» à peu près 125 grammes, peut fournir environ 600 œufs,
» et une truite de trois ans, 700 à 800; il est aussi à noter
» que la laitance d'un mâle suffit pour féconder les œufs
» fournis par une demi-douzaine de femelles ou même da-
» vantage. MM. Géhin et Remy placent les œufs ainsi fé-
» condés sur une couche de gravier dans des boîtes en fer-blanc
» criblées de trous; ces boîtes ont environ 15 centimètres
» de diamètre sur 8 de profondeur, et peuvent contenir cha-
» cune environ un millier d'œufs. On les place dans quelque
» petit ruisseau dont les eaux sont vives et claires, mais
» peu profondes; on les y enterre un peu et on dispose
» les choses de façon que le courant puisse opérer un re-
» nouvellement rapide dans l'eau dont les œufs sont baignés,
» car l'agitation du liquide est nécessaire, non-seulement

(1) L'expérience a démontré que la truite ne devient guère nubile, ou
propre à la reproduction, qu'à l'âge de trois ans.

» pour assurer la respiration des embryons, mais aussi
» pour empêcher le développement de conferves, qui ne
» tarderaient pas à envahir les œufs si l'eau était stagnante,
» et détermineraient la mort du frai. Le développement de
» ces embryons dure environ quatre mois, et c'est en
» général vers la fin de mars ou en avril que l'éclosion a
» lieu ; pendant six semaines encore, les truites nouvellement
» nées portent sous l'abdomen la vésicule ombilicale ou vi-
» telline qui renferme les restes de la matière nutritive,
» analogue au jaune de l'œuf des oiseaux, et c'est d'abord
» aux dépens de cette substance que le frai se nourrit ;
» mais lorsque l'absorption s'en est effectuée, le petit poisson
» a besoin d'autres aliments, et il faut alors le faire sortir
» de la boîte qui lui a servi de berceau et le laisser vaguer
» librement dans le ruisseau ou l'étang que l'on veut
» peupler.

» Enfin, pour procurer à ces petits animaux une nour-
» riture abondante et appropriée à leurs besoins, il suffit
» de laisser ou d'introduire quelques grenouilles dans les eaux
» où ils se tiennent, car le frai de ces batraciens est un
» aliment qu'ils recherchent avec avidité, et les têtards con-
» stituent aussi une excellente pâture pour les truites plus
» avancées en âge. Lorsque les petites truites que l'on élève
» de la sorte, sont destinées à servir de suite à l'empois-
» sonnement d'une rivière, il faut les placer dans les ruisseaux
» tributaires de celle-ci et choisir les cours d'eau qui bouil-
» lonnent sur un fond de cailloux ou de rochers.

» A mesure que ces poissons grandissent, ils descendent
» spontanément vers les eaux plus profondes et n'y arrivent
» que lorsqu'ils sont déjà assez agiles pour avoir des chances
» de se soustraire aux ennemis qu'ils y rencontrent ; tandis
» que si on les plaçait directement au milieu d'autres pois-
» sons voraces, il n'y en aurait que peu qui échapperaient
» à la mort. Lorsque c'est dans des étangs ou des viviers

» qu'on veut les élever, il faut aussi avoir la précaution de
» séparer complétement les produits de chaque année, car
» les grosses truites dévorent les petites, et pour éviter cette
» cause de destruction, il faut que tous les individus réunis
» dans une même enceinte, aient le même âge.

» Pour établir d'une manière régulière ce genre d'in-
» dustrie, il faudrait par conséquent avoir au moins trois
» étangs et en faire la pêche alternativement trois ans après
» leur empoissonnement respectif, puis verser de nouveaux
» produits dans le vivier ainsi épuisé.

» Malheureusement, MM. Géhin et Remy n'ont pas à leur
» disposition les fonds nécessaires pour compléter de la sorte
» l'exploitation de leurs procédés. Ils ont obtenu la con-
» cession d'un petit étang qu'ils ont approprié à cet usage
» et ils en ont acheté un autre au prix de 800 fr. ; mais
» aujourd'hui leurs ressources pécuniaires sont épuisées et
» si, grâce à votre bienveillante protection, Monsieur le
» Ministre, ils n'obtiennent pas quelques secours du Gou-
» vernement, je crains bien qu'ils ne se trouvent dans
» l'impossibilité de donner suite à des essais dont les débuts
» sont des plus satisfaisants.

» Les travaux de MM. Géhin et Remy me semblent d'autant
» plus dignes d'encouragement que le succès ne peut donner
» que peu ou point de profit à ces deux hommes dévoués
» et actifs, mais contribuera à accroître les ressources ali-
» mentaires dont les populations riveraines ont la disposition.
» Ce ne serait même qu'en considérant les opérations d'em-
» poissonnement comme des travaux d'utilité publique, et
» en les faisant exécuter aux frais de l'État, qu'on pourrait
» espérer donner une importance réelle à nos pêches flu-
» viatiles ; mais en y consacrant des fonds, même très-
» faibles, on arriverait, je n'en doute pas, à des résultats
» importants pour le pays.

» Si les procédés d'empoissonnement pratiqués par MM. Gé-

» hin et Remy n'étaient applicables qu'à la truite et à
» quelques autres poissons d'un produit faible , je n'y ac-
» corderais pas tout l'intérêt que j'y attache; mais on peut
» les employer pour l'élève du saumon, et je suis convaincu
» qu'il serait facile de rendre ainsi à nos rivières de la
» Bretagne les richesses ichthyologiques qui tendent à en
» disparaître, et même d'acclimater le saumon dans des fleuves
» qui, jusqu'ici, n'ont été que peu ou point fréquentés
» par ce poisson.

» Rien n'est plus facile que le transport des œufs fé-
» condés nouvellement (1) , ou de saumons vivants dont l'ab-
» domen est rempli, soit d'œufs, soit de laitance ; et lors
» même que ces individus reproducteurs viendraient à
» mourir en route, la fécondation et le développement de
» leurs œufs pourraient encore s'effectuer. En plaçant les
» œufs ainsi fécondés artificiellement dans des ruisseaux
» convenablement choisis, les jeunes saumons se dévelop-
» peraient comme dans les lieux que leurs parents auraient
» choisis pour y frayer; ils émigreraient comme d'ordinaire
» vers la mer, et lorsqu'après avoir grandi dans les pro-
» fondeurs de l'Océan, ils éprouveraient le besoin de frayer
» à leur tour, ils ne manqueraient pas de revenir en grand
» nombre vers le fleuve dont ils seraient sortis, et en re-
» monteraient le cours afin d'y chercher un lieu convenable
» pour le développement de leur progéniture.

» On sait en effet, par des expériences déjà anciennes ,
» faites en Bretagne par Deslandes , et par des observations
» du même genre, répétées de nos jours, en Écosse par
» le duc d'Athol, sir W. Jardine, M. Baigrie, M. Hayshan
» et M. Young, le directeur des pêcheries du duc de Su-

(1) N'en déplaise à **M. Milne-Edwards** , le transport des œufs fécondés est
d'une très-grande difficulté, et si cette difficulté a été enfin résolue par
Géhin, ce n'est qu'après beaucoup de recherches et de tâtonnements.

» therland à Invershin, que, guidé par un singulier instinct,
» comparable à celui des hirondelles voyageuses, le saumon,
» après avoir émigré au loin dans la mer, revient d'ordinaire
» dans les eaux où il est né, et que les individus d'une
» même race se perpétuent de la sorte dans certains fleuves,
» sans se mêler à la population des eaux étrangères. Il
» me semble, par conséquent, indubitable que, dans l'espace
» d'un petit nombre d'années, il serait possible non-seule-
» ment de multiplier beaucoup les saumons dans toutes les
» rivières où ils s'engagent naturellement, mais aussi d'in-
» troduire et d'acclimater ces grands et précieux poissons
» dans plusieurs de nos cours d'eau qui, jusqu'ici, en ont
» été complétement privés. Pour le saumon et pour la truite
» ainsi que pour beaucoup d'autres poissons, *le procédé de*
» *multiplication mis en pratique par MM. Géhin et Remy,*
» *me semble être le moyen le plus sûr et le plus facile pour*
» *obtenir l'empoissonnement des rivières;* mais on ne peut
» pas avoir recours à la fécondation artificielle des œufs
» pour peupler nos eaux douces de certaines espèces, dont
» l'introduction serait cependant fort utile dans un grand
» nombre de localités. Ainsi on ne trouve jamais les anguilles
» chargées de laite ou d'œufs en maturité, et ces poissons
» paraissent ne se reproduire que dans les profondeurs de
» la mer, d'où l'on voit sortir chaque année des légions in-
» nombrables d'anguilles nouvellement nées, qui s'engagent
» dans les rivières et sont connues des pêcheurs sous le
» nom de montée.

» Pour peupler les étangs et les ruisseaux qui en manquent
» aujourd'hui, il faudrait par conséquent y transporter de
» ce frai, et renouveler l'opération périodiquement. Or,
» M. Coste a fait voir dernièrement que ce transport peut
» s'effectuer avec la plus grande facilité, même à des dis-
» tances fort considérables.

» Pour cela il suffit de placer la montée au milieu d'une

» masse de brins d'herbe mouillée et d'en empêcher la des-
» siccation. Les expériences que M. Coste poursuit en ce
» moment à Paris, dans le laboratoire du collége de France,
» prouvent aussi qu'on peut nourrir à peu de frais les petites
» anguilles, de façon à les faire grandir rapidement, et il
» me semble probable que, dans beaucoup de localités
» marécageuses, l'élève de ces anguilles serait une industrie
» lucrative pour nos agriculteurs.

» Si j'avais à m'occuper ici des pêches maritimes, je
» vous demanderais, Monsieur le Ministre, la permission
» d'appeler aussi votre attention sur plusieurs questions
» relatives au régime de nos bancs d'huîtres, et aux moyens
» à employer pour favoriser la multiplication de ces mol-
» lusques. Un industriel de la Charente, M. Carbonnel,
» en a entretenu l'académie des sciences à plusieurs reprises
» dans ces derniers temps, et pense qu'il serait facile d'é-
» tablir sur divers points de nos côtes des huîtrières ar-
» tificielles. M. de Quatrefages a engagé aussi les naturalistes
» de notre littoral à tenter la fécondation artificielle des œufs
» de l'huître, et je suis persuadé qu'en étudiant expérimen-
» talement tout ce qui est relatif à la génération de ces
» mollusques, on arriverait à des résultats intéressants pour
» l'industrie aussi bien que pour la science. Mais dans
» l'état actuel de nos connaissances relatives à la physiologie
» de ces animaux, on ne saurait se prononcer sur la valeur
» des procédés de multiplication dont les auteurs que je viens
» de citer proposent l'emploi.

» Quoiqu'il en soit, d'après l'ensemble des résultats dont
» j'ai eu l'honneur de vous rendre compte, Monsieur le
» Ministre, et d'après des expériences analogues à celles de
» MM. Géhin et Remy, faites par M. Lefebvre, de Vau-
» gouard, il me semble démontré qu'avec de la persévérance
» on pourrait, à peu de frais, améliorer beaucoup la faune
» ichthyologique de la France, et obtenir ainsi de la portion

» de notre territoire qui est couverte par les eaux, un re-
» venu beaucoup plus considérable que celui qu'on en tire
» aujourd'hui.

» Ce serait, pour le pays tout entier, un accroissement de
» richesses, et des essais de ce genre me paraissent d'autant
» plus importants à faire, que plusieurs circonstances tendent
» à diminuer journellement les ressources alimentaires
» que nous procure la pêche fluviatile. La rareté croissante
» du poisson, dans un grand nombre de nos rivières, ne
» dépend pas seulement de la manière dont la pêche y a
» été pratiquée, elle tient aussi à d'autres circonstances,
» parmi lesquelles on doit ranger l'extension de notre in-
» dustrie manufacturière. Ainsi les barrages que l'on établit
» en si grand nombre pour le service des moteurs hydrau-
» liques, sont autant d'obstacles à la reproduction des poissons
» divers, qui ont besoin de remonter les cours d'eau jusque
» dans les sources pour y trouver des lieux propres à re-
» cevoir leur frai, et les individus procréateurs arrivant en
» moins grand nombre dans les petits ruisseaux, la population
» ichthyologique de la rivière en souffre, car les œufs né
» se trouvent plus dans les conditions favorables au déve-
» loppement des jeunes, et les moyens de recrutement de
» toute la faune s'en amoindrissent avec rapidité (1). Si, comme
» en Écosse et même en Angleterre, il existait en France
» beaucoup de riches propriétaires qui possédassent des
» cours d'eau d'une étendue très-considérable, on pourrait
» laisser à la charge de l'industrie privée tous les travaux
» relatifs à l'amélioration de la pêche fluviatile, car celui à

(1) On a remarqué aussi que les eaux provenant des usines à papiers,
qui contiennent une assez grande quantité de chlore, provenant du blan-
chiment des chiffons, sont nuisibles aux poissons. C'est encore là une cause
de destruction dont il est juste de tenir compte.

» qui l'une de ces rivières appartiendrait, aurait un intérêt
» direct à en augmenter les produits.

» Mais chez nous il en est tout autrement, et l'individu
» qui s'occuperait de l'empoissonnement d'un cours d'eau,
» ne pourrait guère espérer recueillir lui-même quelques
» profits de son entreprise ; il augmenterait les ressources
» alimentaires dont disposent ses concitoyens, et rendrait
» de la sorte un service réel à son pays ; mais il n'aurait
» qu'une faible part dans les bénéfices obtenus, et d'ordinaire
» il manquerait de stimulants pour entreprendre ce travail.

» L'empoissonnement de nos rivières serait une opération
» d'utilité publique ; ce serait donc, ce me semble, à l'État
» qu'incomberait le besoin d'y pourvoir.

» Des essais de ce genre faits sur une grande échelle,
» mais conduits avec sagesse et confiés à des hommes in-
» telligents, n'entraîneraient pas à de fortes dépenses et
» pourraient conduire à des résultats importants. Si vous
» jugiez convenable d'en faire exécuter, vous trouveriez dans
» les deux pêcheurs dont je viens d'avoir l'honneur de vous
» entretenir, Monsieur le Ministre, des agents capables et
» zélés, et *j'ajouterai que les charger de ce travail, serait,*
» *ce me semble, la meilleure récompense que le Gouverne-*
» *ment puisse leur accorder* (1).

» Du reste, une entreprise pareille nécessiterait des études
» préliminaires sérieuses, et soulèverait plusieurs questions
» pour la solution desquelles le concours de l'administration
» des eaux et forêts serait nécessaire, ainsi que les lumières
» des naturalistes, et peut-être serait-il bon d'en charger une
» commission mixte. En résumé, nous voyons que l'empois-

(1) Géhin seul a été chargé d'un travail analogue ; Remy, le véritable
inventeur, n'a jusqu'à présent reçu que d'insuffisantes compensations qui
n'assurent en rien son avenir.

» sonnement des eaux douces par la méthode des fécondations
» artificielles, a été proposé il y a fort longtemps, mais
» n'a été tenté en France que dans ces derniers temps ; que
» MM. Géhin et Remy *paraissent avoir été les premiers* à
» mettre ce procédé en pratique chez nous, et sont arrivés,
» de leur côté, à des résultats analogues à ceux obtenus vers
» la même époque, en Angleterre, par M. Boccius ; que les
» travaux de ces deux pêcheurs sont dignes d'intérêt, et
» qu'en appliquant à la reproduction du saumon, les moyens
» dont ils ont fait usage avec succès pour l'élève de la truite,
» on parviendrait probablement à augmenter beaucoup les
» produits fournis par nos pêches fluviatiles.

» J'ai l'honneur d'être, etc.   Signé MILNE-EDWARDS. »

En lisant attentivement ce document, on voit que le savant
doyen prend les choses de haut. Chargé par M. le Ministre
d'aller dans les Vosges, POUR VÉRIFIER DES FAITS RÉVÉLÉS A
L'ACADÉMIE DES SCIENCES, ET VISITER *l'établissement formé
par deux simples pêcheurs de ce pays, pour opérer la
fécondation artificielle et l'éclosion des œufs de truites,*
car là était toute la question aux termes mêmes de sa lettre
du 26 avril, il remonte à toute la série des travaux entrepris
dans le but d'amener la solution du problème, et au lieu
de rechercher tout simplement si, en réalité, Remy et Géhin,
ignorant tout ce qui a été fait avant eux dans ce sens, n'ayant
d'autre guide que le grand livre de la nature, dans lequel,
du moins, ils ont su lire, ont trouvé ce que de savants
praticiens chercheraient encore sans l'éclair de génie qui
a guidé nos deux pêcheurs, c'est-à-dire le moyen de semer du
poisson, suivant l'heureuse expression de M. de Quatrefages.
M. Milne-Edwards *scientifise* la question tant qu'il peut,
en la généralisant, et cherche à prouver que des savants
de profession, et surtout des savants étrangers l'ont résolue
avant nos deux vosgiens. Encore une fois, ce n'est pas là ce
qui était demandé à M. Milne-Edwards, ce n'était pas là

l'objet de sa mission (1); il devait uniquement rechercher si les faits relatés dans le rapport adressé à l'Institut par le secrétaire perpétuel de la Société d'Émulation des Vosges, étaient fondés, ou s'ils ne l'étaient pas. Rien de plus, rien de moins.

Eh bien, je n'hésite pas à le dire, M. Milne-Edwards, en généralisant la question, ne l'a point résolue; son rapport n'indique qu'imparfaitement *son opinion vraie* sur l'importance des travaux de Remy et de Géhin, et sur le mérite qu'il y a dans leur découverte. Bien plus, il n'indique même pas les moyens dont ils se sont servis pour arriver à leurs fins; il se contente de dire que leur procédé est simple et facile à mettre en pratique, qu'il diffère à peine de celui de M. Boccius, et ressemble non moins exactement à la méthode décrite par Jacoby, *il y a bientôt un siècle* ; mais il n'en donne aucune description; cela est si vrai, qu'au mois de novembre 1850, trois mois après la publication du rapport en question, un homme fort éclairé et fort compétent dans la matière, M. Adolphe Perrier, membre du conseil général de l'Isère, et propriétaire à Vizille, m'écrivant pour me demander des renseignements, disait : « J'ai, depuis mon » retour à Paris, causé longuement avec M. Milne-Edwards au » Jardin des Plantes, *mais il n'a pu me donner de rensei-*

<hr>

(1) «Monsieur, j'ai entretenu **M.** le Ministre de l'Agriculture *des résultats* » *obtenus par les pêcheurs dont vous avez bien voulu me faire connaître* » *les travaux*, et il m'a prié d'examiner *sur les lieux l'établissement* » *formé par ces hommes intelligents et actifs.*

» J'ai accepté avec plaisir cette mission, et je compte me rendre à Epinal. » vers le milieu de la semaine prochaine; je réclamerai alors de nouveau » *vos bons offices pour entrer en relation avec vos protégés*, et si » vous voulez bien les prévenir de ma prochaine arrivée, je vous en aurai » beaucoup d'obligation.

» Agréez, Monsieur, l'expression de mes sentiments de parfaite considé– » ration.   *Signé* **Milne-Edwards.** »

4

» *gnements suffisants sur les moyens pratiques employés*
» *dans la commune de la Bresse.* »

Ainsi, au mois de novembre, M. Milne-Edwards, qui venait d'être chargé par M. le Ministre du Commerce de la mission expresse *d'examiner sur les lieux l'établissement formé par ces hommes intelligents et actifs*, et qui avait rempli cette mission le 13 mai, était embarrassé de donner des renseignements *suffisants* sur les procédés de fécondation et d'éclosion artificielles ; et assurément il n'en aurait pas fait un secret, puisque, dans son rapport, il dit lui-même : « *j'ajouterai que, voulant se rendre aussi utiles que possible, nos pêcheurs n'ont jamais fait mystère de leurs procédés, et y ont initié tous ceux qui témoignaient le désir de se livrer à des expériences analogues, etc.* »

Comment donc interpréter *l'insuffisance* des renseignements qu'il donne ? Faut-il en conclure que la question avait été fort imparfaitement étudiée par lui ? ou qu'étudiée sérieusement, il ne lui avait pas paru utile d'en rapporter l'honneur à qui de droit ? Au reste, il faut bien le reconnaître, dès l'origine, les hommes de science ont eu la tendance manifeste de *s'emparer de la question au profit de la science ;* il semble qu'ils n'aient pas voulu qu'il fût dit que deux simples pêcheurs aient résolu tout seuls, par leurs seules observations, sans rien connaître de ce qui s'était fait avant eux, un problème dont les savants de profession avaient en vain cherché la solution ; il fallait à toute force prouver que la science ne pouvait être en défaut, et pour cela, il faut le reconnaître, nul moyen n'a été négligé. Si encore nos deux pêcheurs eussent reçu le jour sur les bords de la Tweed, de la Clyde ou de la Tamise, on se fût peut-être décidé à déclarer la vérité ; mais le moyen d'admettre que deux Vosgiens incultes aient trouvé quelque chose de grand et de neuf, le moyen d'avouer qu'en matière de *fécondation artificielle*, la Société d'Émulation des Vosges était plus avancée que l'Institut lui-même et la Faculté des Sciences de Paris ! Comment convenir enfin que toutes les lumières réunies des hommes qui, depuis, ont formé ce qu'on a appelé la commission de pisciculture, devaient s'incliner devant l'expérience et les connaissances pratiques de deux obscurs pêcheurs qui n'étaient d'aucune académie.

Cependant, l'injustice n'a pas été générale, il faut le reconnaître ; si quelques savants, sans doute humiliés qu'on pût avoir du génie sans avoir un brevet pour cela, ont tenté de donner le change à l'opinion, il en est d'autres qui se sont exécutés de bonne grâce. Ainsi, dans une occasion où M. Carbonnel avait, par erreur, été annoncé comme ayant trouvé le moyen de multiplier les truites, M. Bory de Saint-Vincent, chargé de faire un rapport à ce sujet, et répondant à une réclamation qui lui était adressée par un ami de Remy, disait le 14 février 1846 : « Ce n'est point de poissons que s'est occupé M. Carbonnel, il ne s'agit pas de *truites*, mais *d'huîtres*, dans son entreprise. *La découverte de votre bon pêcheur lui demeure donc tout entière.* »

Au reste, si je me suis longuement étendu sur ce côté de la question, c'est qu'il m'a paru capital, et je ne suis pas seul, d'ailleurs, à l'envisager ainsi. Voici comment un homme, dont on ne saurait contester ni la compétence, ni l'autorité, s'exprime au sujet de la tendance que j'ai signalée chez les hommes de science au sujet de la fécondation artificielle : « Je le répète, dit M. Aymar-Bression, dans son rapport à l'Académie nationale agricole, manufacturière et commerciale, « *ce n'est pas le flambeau de la science qui a guidé les deux pêcheurs des Vosges vers cette découverte.....*; » et plus loin..... « à propos d'une découverte *française*, sortie de l'humble cerveau de deux pêcheurs *français*, complétement dénués de ce que nous appelons la science, et parfaitement ignorants des tentatives qui se faisaient ailleurs, pour arriver au but qu'une courageuse et persévérante pratique venait de leur faire toucher, M. Milne-Edwards semble s'être efforcé de prouver que cet honneur n'appartenait pas à la France, *triste résultat de la science en vérité, que celui qui consiste à contester à son pays, à force d'érudition, la gloire d'une découverte quelconque.........* Nous revendiquons donc bien haut, pour MM. Géhin et Remy, *la priorité de leur procédé propre, la priorité de son application en France,* etc. »

Il résulte donc bien évidemment de toute cette controverse, comme de tous les documents que j'ai cités, que le procédé de *fécondation artificielle des œufs de poissons et de leur éclosion,* a été trouvé par deux simples pêcheurs vosgiens; cette vérité, établie sur des bases certaines, authentiques, me semble désormais placée au-dessus de toute contestation.

La question ainsi ramenée à ses véritables termes, il est bon d'en revenir à la *fécondation elle-même,* et de décrire le procédé employé par Remy d'abord, puis ensuite par les deux pêcheurs réunis, pour l'opérer d'une manière devenue infaillible, entre leurs mains habiles.

C'est de novembre à décembre qu'a lieu le frai de la truite : il est rare qu'il arrive avant le 15 novembre, et qu'il se prolonge au delà du 15 décembre; à cette époque la pêche est prohibée, mesure prudente et sage, qui prévient la destruction des mères et des innombrables générations qu'elles portent dans leurs flancs. Aussi, a-t-il fallu une permission spéciale de l'administration forestière, pour que nos deux pêcheurs pussent s'emparer des femelles et des mâles nécessaires à leurs opérations ; encore ne l'ont-ils obtenue, qu'à la condition de jeter dans les cours d'eau qui leur sont désignés, chaque année, une quantité déterminée d'alevins, après l'éclosion des œufs qu'ils ont pu réunir et faire féconder.

Quoiqu'il en soit, l'époque une fois arrivée, nos pêcheurs

s'emparent des femelles sur lesquelles ils veulent opérer ; ils les choisissent ordinairement du poids de 300 à 500 grammes ; l'un d'eux en saisit une de la main gauche, et la tient renversée sur le dos, la tête et le corps appuyés contre lui ; il lui fait sur le ventre des frictions douces dans le but de calmer l'agitation de l'animal, qui semble se plaire à la sensation que cette manœuvre lui procure.

Quand la truite paraît comme endormie, ce qui ne tarde guère, l'autre maintient la queue, puis tous deux inclinent l'animal au-dessus d'un vase préalablement préparé, à moitié rempli d'une eau claire et limpide, et, avec la main droite, celui des deux qui tient la truite ainsi couchée, presse légèrement le ventre de haut en bas, entre le pouce et l'index, *sans y mettre la moindre force*, ce qui suffit pour déterminer la sortie des œufs, s'ils sont arrivés à maturité ; bientôt on les voit couler à chaque pression qui se répète, et tomber dans le vase, sous forme de globules de couleur orangée, peu foncée et d'une entière transparence. Dès qu'une femelle est ainsi artificiellement vidée, on prend un mâle avec lequel on agit absolument de même, et l'on ne tarde pas à voir s'échapper un liquide assez abondant, qui trouble légèrement l'eau en lui donnant une teinte blanchâtre, à peu près comme il arrive quand on verse dans l'eau, quelques gouttes de sous-acétate de plomb, ou extrait de saturne ; on a soin d'agiter le liquide, soit avec la main, soit avec la queue du poisson, et on voit aussitôt les œufs, perdant leur transparence, prendre une couleur plus mate, puis un point noir d'un à deux millimètres environ d'étendue, se montrer à leur centre ; *cette transformation est le signe certain de leur fécondation ;* si ces œufs sont désormais placés dans des conditions favorables, leur éclosion est assurée, pas un seul ne restera stérile. Aussi, le premier soin à prendre, c'est de séparer les œufs qui paraissent blancs, et qui ne présentent pas le point ombilical noir, dont je viens de parler; ils sont sujets à se corrompre en peu de temps, et compromettraient la ponte entière; il faut les rejeter. Cela fait, on change l'eau du vase, et on prépare la boîte dans laquelle les œufs, ainsi fécondés, doivent rester jusqu'à l'époque de leur éclosion. Les boîtes dont se sont d'abord servis MM. Remy et Géhin, étaient en bois, de forme carrée; mais outre que le bois est sujet à se détériorer dans l'eau, la forme qu'ils donnaient à ces boîtes n'était pas la plus avantageuse à cause des angles qu'elles présentaient, et qui pouvaient changer la direction de l'eau, au lieu de lui permettre d'entrer et de circuler librement par les mille trous dont chaque face était criblée. Ils en vinrent donc bientôt à adopter des boîtes en zinc et de forme ronde à peu près comme des bassinoires; ces boîtes, dont le dessin ci-contre représente fidèlement la forme, ont de vingt à vingt-cinq centimètres de diamètre sur huit à dix de profondeur; le couvercle, rendu mobile par une charnière, a quatre centimètres environ de hauteur et se fixe au moyen d'un arrêt. Elle est criblée de deux mille trous, à peu près d'un millimètre d'ouverture chacun, ce qui permet à l'eau de circuler librement comme à travers du gravier; il est bien entendu que ces trous sont faits à l'emporte-pièce, afin que les petites inégalités qu'ils présenteraient, sans cette condition, ne puissent pas blesser les jeunes poissons, quand, dans la vivacité de leurs allures, ils tenteront de passer au travers. Le fond de la boîte, légèrement bombée en dedans pour assurer sa fixité dans l'eau, doit être recouvert d'un gravier semblable à celui qui forme le lit des ruisseaux que fréquente la truite; on verse sur ce gravier le produit d'une ponte. On referme la boîte, on la dépose dans un courant d'eau fraîche et limpide, en l'enfonçant un peu dans le gravier du fond: on la recouvre d'une autre couche de

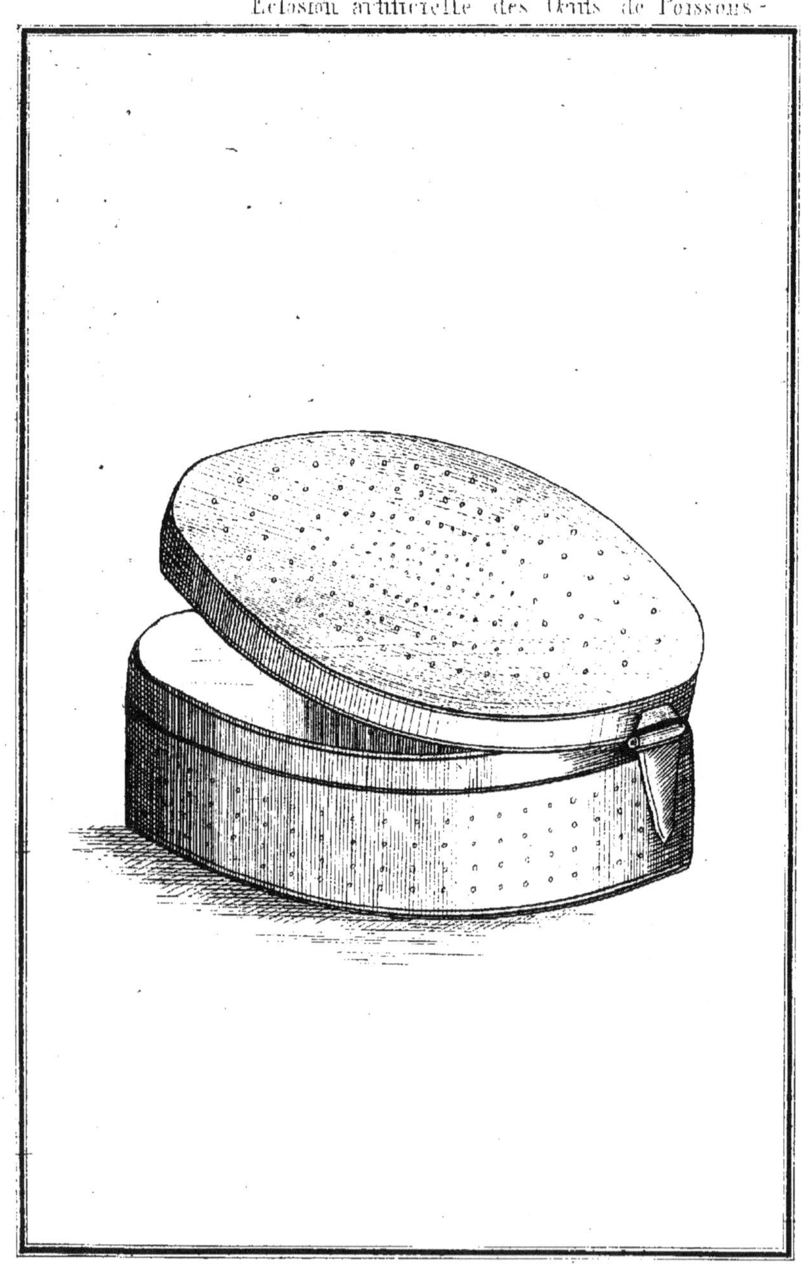

gravier, et on l'abandonne ainsi à elle-même, jusqu'à l'époque de l'éclosion, c'est-à-dire jusqu'aux premiers jours du mois de mars, du moins dans les Vosges.

Le temps de l'incubation n'a rien de fixe, il varie de six semaines à trois mois, suivant la qualité des eaux; mais je tiens de Remy que les œufs fécondés qu'il place dans ses boîtes, à la Bresse, et qu'il dépose dans le réservoir traversé par un courant d'eau limpide et fraîche, qui lui sert à faire ses éclosions, je tiens de lui, dis-je, que ces œufs déposés vers les premiers jours de décembre, n'arrivent à éclosion que dans les derniers jours de février ou les premiers jours de mars.

Il se passe alors des phénomènes curieux; suivant Géhin, la queue du fœtus sort la première, les déchirures qu'elle occasionne à la pellicule qui l'enveloppe forment les nageoires anales; la tête paraît ensuite à l'extrémité diamétralement opposée, et les deux nageoires antérieures se forment de même des débris de la pellicule déchirée; l'œuf lui-même, ainsi percé d'outre en outre, forme le ventre du poisson, après que la pellicule s'est pareillement rompue à sa partie supérieure pour donner issue au dos. Ainsi la pellicule qui enveloppait l'embryon ne se détache pas, elle se divise et s'étend avec l'animal qu'elle enveloppe de toutes parts, et dont elle devient partie intégrante.

Ainsi que je le dis plus haut, la durée de l'incubation n'a rien de fixe, d'où il suit cette conséquence que, pour ne pas manquer le moment de l'éclosion, il faut souvent visiter les boîtes et s'assurer de l'aspect des œufs. Ainsi on remarque, quand l'éclosion approche, que le point noir augmente d'étendue et que la pellicule devient plus transparente; enfin elle se fendille et la queue de l'embryon paraît. Dès qu'un œuf est à terme, les autres ne tardent pas à éclater en sorte que dans l'espace de deux jours environ, tous les œufs non stérilisés donnent naissance à un petit poisson.

J'ai vu à plusieurs reprises de ces petits embryons à peine éclos ; j'en ai eu pendant plusieurs jours dans un grand vase plein d'eau, sur la cheminée de mon cabinet, et je déclare que je n'ai jamais assisté à un spectacle plus intéressant ; tous ces petits êtres, d'abord rassemblés au fond du vase, s'élancent tout à coup à t avers la masse d'eau qui les recouvre, vont jusqu'à la surface, puis retombent perpendiculairement en agitant leur nageoire caudale avec une extrême vivacité ; à la moindre agitation imprimée au vase, tout ce petit monde s'agite, se remue et cela avec une agilité que rien ne peut rendre. Il faut bien se garder alors de chercher à les nourrir, avec quoi que ce soit ; la vésicule qu'ils portent sous le ventre suffit à leur alimentation, pendant les trois ou quatre premiers jours ; on se contente de mettre du gravier fin au fond du vase, et ce n'est que le cinquième, ou même le sixième jour, qu'on jette dans le vase un peu de foie de veau cuit, haché très-menu, ou du sang de bœuf bouilli, et divisé à l'infini, tout cela en très-petite quantité.

On les conserve dans les boîtes et on les nourrit ainsi pendant douze à quinze jours, après quoi, on ouvre les boîtes et on laisse courir librement ce menu fretin dans une partie du cours d'eau qu'on lui a préparée d'avance et qu'on lui réserve.

Remy et Géhin ont cherché longtemps le meilleur moyen de nourrir le jeune poisson ainsi abandonné à lui-même ; ils ont imaginé de lui donner du frai de grenouilles, et pour cela ils ont transporté, dans leurs pièces d'eau, une grande quantité de ces batraciens, qui s'y sont reproduits et ont déposé leurs œufs sur les bords de l'étang ; les jeunes truitons s'en nourrissent alors et font même leur proie des têtards qui en naissent ; un peu plus tard, ils recoururent à un procédé ingénieux et qui, suivant M. de Quatrefages, mérite réellement l'épithète de scientifique. « Pour nourrir

» leurs petites truites , dit l'auteur de la note déjà citée ,
» sur l'élevage des poissons, ils semèrent à côté d'elles
» d'autres espèces de poissons plus petits et herbivores ;
» celles-ci s'élèvent et s'entretiennent elles-mêmes aux dépens
» des végétaux aquatiques.

» **A** leur tour elles servent d'aliment aux truites qui se
» nourrissent de chair. Dans les réservoirs de Remy et Géhin .
» tout se passe donc maintenant comme dans la nature
» entière ; ces pêcheurs sont arrivés à appliquer à leur
» industrie une des lois les plus générales sur lesquelles
» reposent les harmonies naturelles de la création animée. »

De cette manière , leur élevin s'est promptement développé ;
ils m'ont assuré qu'à la fin de la seconde année , la petite
truite pèse de 125 à 130 grammes , et qu'à la troisième, elle
parvient au poids de 250 à 300 grammes.

Un soin qu'il ne faut pas négliger et sans lequel un grand
nombre de jeunes truites disparaîtraient , c'est de mettre
ensemble seulement les poissons de même âge, car sans cette
précaution , les plus petits serviraient de pâture aux plus
gros ; ce n'est guère que lorsqu'elle a atteint l'âge de trois ans
qu'on peut laisser courir la truite en toute liberté , car alors,
bien qu'elle n'ait quelquefois que quinze centimètres de lon-
gueur , elle est devenue nubile et propre à la reproduction.

Telles sont les principales dispositions au moyen desquelles
on est parvenu à faire éclore les œufs *fécondés* de la truite ;
tels sont les principes généraux sur lesquels repose jusqu'à
présent cette science de l'ichthyogénie encore au berceau, et
qui , après avoir pris naissance dans un humble village des
Vosges , marche aujourd'hui à grands pas vers des perfectionnements qui permettront peut-être un jour , non-seulement
d'augmenter beaucoup la reproduction des races de poissons de
nos rivières , de nos étangs, mais d'en introduire d'étrangères
à nos eaux , et peut-être même d'en créer de nouvelles , au
moyen du croisement.

Un des premiers besoins qu'eurent à satisfaire Géhin et Remy, lorsque des expériences réitérées eurent rendu leur réussite complète, c'est la conservation des œufs fécondés et leur envoi dans les différents lieux où on leur en demandait.

Leurs premiers essais ne furent pas heureux ; ils envoyaient ces œufs renfermés dans un vase plein d'eau ; mais outre la nécessité de renouveler souvent cette eau, plusieurs inconvénients vinrent s'opposer à ce mode d'envoi auquel ils furent bientôt obligés de renoncer. De nombreuses réclamations leur furent adressées : tantôt les œufs ainsi expédiés n'arrivaient pas à éclosion ; tantôt le vase s'était cassé en route, ou bien le défaut de renouvellement de l'eau les avait fait périr. Sur une assez grande quantité qui fut ainsi adressée à M. Carnot, ancien Ministre de l'Instruction publique, et qu'il s'était empressé, dès leur réception, de transporter à sa campagne sur les bords de l'Essone, en observant exactement toutes les précautions que je lui avais indiquées, cinq seulement vinrent à éclore pendant la route, mais pas un seul de ceux qu'il immergea dans l'eau, au moyen d'une boîte dont je lui avais indiqué le modèle, ne vint en maturité, soit que le principe de vie eût été détruit en eux pendant le voyage, soit que l'eau dans laquelle ils furent plongés ne leur convînt pas. « Quand je les » regardai au bout de quelques jours, m'écrivait M. Carnot » en avril 1849, je les trouvai couverts d'une espèce de » mousse limoneuse, ou plutôt glaireuse, et plusieurs » étaient attaqués par un petit animal très-commun dans » nos eaux, que l'on nomme, je crois, crevette d'eau » douce. »

Nos deux pêcheurs furent donc conduits forcément à chercher un autre moyen d'expédier les œufs fécondés ; ils avaient pensé d'abord, sur l'indication qui leur en avait été donnée par M. Depercy, Préfet des Vosges, à les envelopper avec de l'argile, ou terre glaise, bien humectée; mais ce moyen fut bientôt reconnu insuffisant, et même dangereux, sans doute par l'absence de l'air, qui paraît nécessaire à la conservation des œufs fécondés, et qui ne pouvait pénétrer à travers l'épaisseur de l'argile; je ne donne toutefois cette opinion que comme une conjecture; Géhin essaya d'en dessécher une certaine quantité au soleil, puis de les remettre dans l'eau quelques jours après.

Quelques-uns vinrent à éclosion, les autres, en plus grand nombre, restèrent stériles, et ce moyen, ne présentant pas assez de chances de réussite, fut encore abandonné. Enfin, après bien des tâtonnements, voici celui auquel Géhin s'arrêta provisoirement et qu'il met encore aujourd'hui en usage. Dans une boîte du modèle que j'ai décrit plus haut, il place un lit assez épais de sable fin humecté, surmonté d'un lit de graviers comme il s'en trouve dans le lit des rivières, de la grosseur d'un dé à jouer; dans les intervalles de ces graviers, il dépose une certaine quantité d'œufs fécondés qu'il recouvre d'une nouvelle couche de graviers, dont les interstices sont à leur tour remplis d'œufs, et ainsi successivement jusqu'à ce que la boîte soit entièrement pleine, il est indispensable que le sable et le gravier soient purs de toute partie terreuse ou limoneuse et que le tout soit suffisamment humecté.

Ainsi disposées, ces boîtes peuvent être envoyées à de grandes distances, les œufs ne risquent rien, et pourvu qu'à leur arrivée on ait soin de les distribuer dans des boîtes nouvelles, avec les conditions que j'ai décrites plus haut, sans les y accumuler en trop grande quantité, et avec la précaution de les immerger immédiatement dans une eau claire, limpide, courante, pas trop profonde et bien aérée, on est à peu près assuré que l'opération réussira parfaitement.

Si, à l'arrivée de la boîte, et lorsqu'on fera la distribution

des œufs qu'elle contient dans autant d'autres boites qu'il y
aura de couches différentes, on rencontre des œufs évidemment altérés, ce qui est facile à reconnaître, on aura soin
de les enlever, de peur qu'ils ne gâtent les autres; les œufs
stérilisés, desquels tout principe de vie a disparu sans retour,
présentent un caractère particulier qui permet de les distinguer
facilement des autres; tandis que ceux-ci conservent leur belle
couleur jaune orange un peu brunâtre et légèrement transparente, les autres deviennent d'un blanc mat très-opaque,
semblables à de l'albumine coagulée par la cuisson, et laissant
échapper une liqueur blanche, épaisse, lorsqu'ils sont com-
primés ou écrasés.

Quelqu'ingénieux que soit le moyen trouvé par Géhin pour
le transport à de grandes distances des œufs fécondés, il
n'est pas impossible que d'autres plus expéditifs et moins
dispendieux soient tôt ou tard imaginés; il s'en faut que le
dernier mot soit dit sur ce point de la question; quand on
vient à réfléchir à la ténacité du principe de la vie dans
quelques animaux infusoires qui, après une dessication
prolongée, redeviennent vivaces aussitôt qu'ils sont replongés
dans l'élément qui les fait vivre; quand on songe à la conservation merveilleuse du principe germinateur dans les se-
mences retrouvées dans les tombeaux égyptiens, enfouis
depuis des siècles, et qui, confiées à la terre, y fermentent
aussitôt et se développent absolument comme celles qui sont
recueillies de la veille, on peut espérer qu'un procédé sera un
jour trouvé qui, suspendant pour ainsi dire l'action vitale
dans l'œuf fécondé, sans l'y éteindre entièrement, permettra
d'envoyer à de très-grandes distances de la *semence de poissons;* de lui faire faire, s'il le faut, le tour du monde sans
rien lui laisser perdre de sa faculté d'éclore, et d'échanger
ainsi, d'un pôle à l'autre, les produits d'une nature variée,
dont l'émigration mutuelle ne peut se faire par les moyens

ordinaires , mais dont l'introduction , sous des climats analogues , à l'état de semence , n'aura ainsi plus rien d'impossible , ni même d'extraordinaire.

Ici le champ est ouvert aux investigations de tout genre;
la découverte de Remy, vulgarisée par Géhin , a inauguré,
pour les naturalistes et les curieux , la plus vaste carrière.

De toutes parts cette question excite les recherches des
savants, et, à peine à son berceau, la science de l'ichthyogénie
s'avance à grands pas vers une ère de progrès et de perfectionnements, qui la mettront bientôt au niveau des sciences
naturelles les plus anciennement cultivées.

Ce n'est pas d'aujourd'hui qu'on sait que des poissons
vivants, à quelqu'âge qu'ils soient parvenus, sont difficilement
transportés d'un lieu à un autre, de quelque précaution qu'on
accompagne d'ailleurs cette opération ; s'ils survivent , ce
n'est, la plupart du temps, que pour quelques jours ; ils
n'arrivent d'ailleurs que languissants au lieu de leur destina-
tion ; quelque précaution qu'on prenne, ils se ressentent toujours
du voyage, et après avoir végété plus ou moins longtemps dans
les nouvelles eaux qu'on leur donne pour demeure , ils
finissent par périr.

Si quelques-uns , contre toute prévision , surmontant toutes
les difficultés , tous les périls de cette émigration forcée , par-
viennent à s'acclimater et à vivre dans les nouvelles conditions
qu'on leur a faites, ils n'y recouvrent que rarement assez de
vigueur pour y concevoir et s'y reproduire (1).

Ainsi, à supposer que la science du gourmet arrive un
jour à ce point de perfectionnement qu'aurait envié Brillat-
Savarin , et que pourra bien hâter le règne des chemins de
fer, d'introduire en tous lieux, les poissons de tous les pays,
de rendre commune à Paris la silure de Hongrie et de faire

____

(1) **Voir** à l'appendice, l'histoire de l'expédition de **M. Valenciennes** à la
recherche des poissons de la Sprée, etc.

manger à grands frais, la belle truite du lac de Genève aux
Apicius de Londres ou de Saint-Pétersbourg; toujours est-il
que ce ne sera jamais que pour les grandes fortunes que
s'opéreront ces miracles; tandis qu'avec la découverte d'un
simple pêcheur vosgien, perfectionnée par de savantes recherches, vulgarisée par d'heureuses applications, on pourra
sans doute quelque jour, semer à pleines mains, dans les
cours d'eau de tous pays, la graine des poissons les plus savou-
reux et les plus recherchés.

Et qu'on ne dise pas que ce soit trop présumer de la découverte de Remy, de supposer qu'elle arrive jamais à de si
admirables conséquences. A juger de l'avenir qui lui est
réservé par les heureuses circonstances qui ont marqué son
début, il n'est pas déraisonnable d'espérer que, tôt ou tard,
la pisciculture pratiquée par des mains habiles amènera des
résultats analogues à ceux que j'ai indiqués; qu'on n'aura
plus à craindre désormais le dépeuplement des cours d'eau;
que les espèces les plus rares, les plus difficiles à acclimater,
se vulgariseront tôt ou tard par l'introduction d'œufs fécondés
dans les divers cours d'eau qui conviennent à chacun, et
par l'éducation du frai, basée sur des principes certains et
parfaitement définis.

C'est assurément pour arriver à ce but que M. le Ministre de
l'Agriculture a chargé Géhin, celui de nos deux pêcheurs qui
est le plus apte à ce rôle, de répandre dans divers départements
les éléments de la science créée par tous deux, et de pratiquer
sur certains points de la France les expériences qui ont si
bien réussi à la Bresse. La mission dont Géhin a été chargé
en 1851 et qui s'est renouvelée en 1852, paraît avoir déjà
porté des fruits; non-seulement il a pratiqué en plusieurs
endroits, notamment à Grenoble et dans diverses communes
du département de l'Isère, de nombreuses fécondations qui
ont eu les plus heureux résultats, mais il a introduit dans
les eaux de ces contrées *l'omble-chevalier*, la plus délicate

de toutes les espèces de saumons, qui ne se trouve guère en France que dans certaine partie du lac de Paladru, et il a doté le lac du Bourget de la magnifique espèce de truite qui est particulière au lac de Genève.

Je ne veux d'ailleurs pas d'autre preuve de l'intérêt que prend le Gouvernement au développement complet de la question qui m'occupe, que les lignes suivantes que je lis dans un journal des premiers jours de septembre 1852. « Sur l'invitation d· M. le Ministre de l'Agriculture et du Commerce, M. Coste, membre de l'Institut, vient de partir pour Mulhouse, où il présidera à l'organisation du vaste établissement d'éclosion artificielle, pour lequel un crédit de 30,000 fr. a été ouvert à M. l'ingénieur en chef du canal du Rhône au Rhin : après avoir arrêté de concert avec MM. Berthot et Detzem, les bases des travaux à entreprendre, M. Coste continuera sa tournée scientifique ; il se rendra d'abord dans le département de l'Isère pour y constater les résultats des essais de fécondation artificielle tentés l'année dernière par le pêcheur Géhin, et descendra le Rhône pour chercher le moyen d'acclimater dans les eaux de ce fleuve, le saumon qui ne les fréquente pas. »

Assurément, quand un homme aussi haut placé dans la science que M. Coste, est chargé d'une pareille mission, on peut croire qu'elle est sérieuse et que le Gouvernement, qui met une somme aussi considérable à la disposition des expérimentateurs, *qui ne font d'ailleurs que mettre en pratique le procédé imaginé par Remy*, attache une grande importance aux résultats des essais qu'ils tentent sur une aussi vaste échelle ; qui pourrait cependant se refuser à reconnaitre que tous ces efforts tentés, que toutes ces dépenses faites, que toutes ces missions confiées aux savants les plus recommandables, ne soient la conséquence immédiate et directe des travaux de deux simples pêcheurs vosgiens, et que tout ce mouvement n'est occasionné en définitive que par la découverte merveilleuse de Remy?

Les essais provoqués par la notoriété qu'ont acquise les procédés de Remy et Géhin ont été fort nombreux, et ils n'ont pas seulement porté sur la truite, mais sur des espèces variées.

Ainsi dans la Bresse et du côté de Dijon, on a opéré sur la tanche, la carpe, le brochet, la perche et presque toujours on a pleinement réussi. Voilà donc une industrie nouvelle en pleine voie de prospérité, et l'application pratique des fécondations artificielles à l'élève et à la multiplication des poissons est aujourd'hui une chose acquise et parfaitement démontrée; et qu'il me soit permis d'insister ici sur la large part qu'ont eue Remy et Géhin, dans ce nouveau pas fait par l'homme dans le domaine de la découverte des secrets de la nature ; non-seulement ils ont trouvé le moyen d'opérer la fécondation artificielle des œufs de poissons, d'écarter toutes les chances qui s'opposaient à leur éclosion, et par là, remédié au dépeuplement toujours croissant des cours d'eau, mais ils ont encore résolu la difficulté de l'éducation du frai et de l'élevage du jeune poisson. En effet, semer des espèces herbivores destinées à être mangées par des espèces carnassières qui elles-mêmes deviendront la nourriture de l'homme, n'est-ce pas avoir trouvé le moyen le plus simple et le moins dispendieux de créer des aliments de nature animale? n'est-ce pas d'ailleurs merveilleusement se conformer aux lois de la Providence elle-même, qui procède toujours du simple au composé, et qui, par les moyens les plus élémentaires, arrive aux résultats les plus compliqués et les plus admirables?

Un document récemment publié fait trop bien ressortir cette vérité pour que je ne cède pas au plaisir d'en citer la plus grande partie : on verra que je ne suis pas seul à apprécier comme je le fais le mérite de la découverte de Remy et des travaux de Géhin, et qu'une plume plus éloquente que la mienne a déjà pris soin de leur assurer la part de gloire qui leur revient.

Dans un rapport fait en 1852 à la Société philomatique et que j'ai déjà cité dans le cours de ce mémoire, M. de Quatrefages, après quelques généralités sur l'appauvrissement progressif des fleuves et rivières et sur les tentatives incomplètes faites avant Remy et Géhin pour obvier à ce grave inconvénient, continue ainsi : « C'est alors que l'A-
» cadémie des Sciences apprit avec étonnement que deux
» modestes pêcheurs perdus dans une vallée des Vosges,
» avaient, eux aussi, abordé le problème *et l'avaient com-*
» *plétement résolu.*

» Pour comprendre ce qu'il leur avait fallu de sagacité
» et de patience, il suffira de rappeler que ces pêcheurs
» étaient complétement étrangers aux études physiologiques;
» qu'ils avaient dû, par eux seuls et sans guide, tout ap-
» prendre et tout imiter dans les procédés suivis par la
» nature pour assurer la multiplication des poissons.

» MM. Géhin et Remy durent d'abord s'assurer de ce fait,
» que chez les poissons il n'y a pas d'accouplement et que,
» contrairement à ce qui se voit chez les animaux dont
» l'observation est la plus journalière, les œufs sont pondus
» d'abord par la femelle, puis fécondés par le mâle.

» Tous ces actes, en quelque sorte préliminaires, ne s'ac-
» complissent guère que de nuit au commencement de la
» saison froide, *et peu de savants de cabinet auraient*
» *eu sans doute la ténacité d'observation que nos pêcheurs*
» *ont montrée en cherchant à en reconnaître toutes les*
» *circonstances.*

» De cette connaissance une fois acquise, passer à l'imi-
» tation et arriver aux fécondations artificielles *peut paraître*
» *aujourd'hui chose aisée. La science a tant de fois repro-*

» duit ce fait qu'il n'a plus rien qui nous étonne : mais
» reportez-vous par la pensée au temps des expériences de
» Spallanzani ; rappelez-vous l'enthousiasme qu'elles exci-
» tèrent dans toute l'Europe, et vous reconnaîtrez que
» MM. Géhin et Remy ont fait preuve d'une intelligence et d'une
» hardiesse d'expérimentation qui justifient pleinement les
» récompenses honorifiques que la Société d'Émulation] des
» Vosges crut devoir leur accorder. Le savant de Modène
» s'était proposé seulement de reconnaître les lois qui pré-
» sident à la reproduction des êtres vivants. Il n'avait pas
» à se préoccuper de l'élevage des animaux qu'il observait
» dans son laboratoire. Le but de nos pêcheurs était tout
» autre. Il s'agissait pour eux d'assurer et d'étendre une
» industrie qui était leur gagne-pain.

» Ils avaient donc à élever les jeunes poissons éclos entre
» leurs mains et à se créer des réserves, des espèces de
» pépinières où ils pourraient emmagasiner leurs produits
» pour les écouler au besoin. Ici commençait tout un ordre
» nouveau de difficultés.

» Si MM. Géhin et Remy avaient opéré sur des espèces
» herbivores, sur des carpes par exemple, leur tâche au-
» rait été bien simplifiée ; les carpillons auraient trouvé
» dans la vase et sur les bords d'un étang ou d'un ruisseau
» une nourriture toute préparée. Mais nos pêcheurs élevaient
» des truites, et à ces poissons carnassiers il fallait une
» nourriture appropriée à la fois à leur âge et à leurs
» instincts. Ce problème assez difficile fut également résolu
» à la suite d'expériences fondées sur l'observation. MM. Gé-
» hin et Remy avaient vu les petites truites se nourrir, au
» moment de leur naissance, de la substance comme mu-
» cilagineuse qui entoure les œufs. Ils songèrent d'abord à
» leur faire une nourriture analogue et leur donnèrent du
» frai de grenouilles, ce qui réussit fort bien.

» Quand les truitons, devenus un peu plus forts, deman-

» dèrent une nourriture plus substantielle, leurs éleveurs
» eurent d'abord recours à la viande hachée, et entre autres
» à des intestins de mouton ou de bœuf coupés en lanières
» très-minces. Mais plus tard, ils recoururent à un procédé
» bien plus ingénieux, *et qui mérite réellement l'épithète*
» *de scientifique.*

» Pour nourrir leurs petites truites, ils semèrent à côté
» d'elles d'autres espèces de poissons plus petites et herbi-
» vores ; celles-ci s'élèvent et s'entretiennent elles-mêmes aux
» dépens des végétaux aquatiques. A leur tour elles ser-
» vent d'aliment aux truites qui se nourrissent de chair.

» Dans la rivière de MM. Géhin et Remy, tout se passe
» donc maintenant comme dans la nature entière. Ces pê-
» cheurs sont arrivés à appliquer à leur industrie une des
» lois les plus générales sur lesquelles reposent les harmonies
» naturelles de la création animée.

» MM. Géhin et Remy n'ont pas borné les applications
» de leurs recherches aux ruisseaux exploités par eux. Ap-
» pelés dans diverses communes, ils ont réempoissonné des
» cours d'eau depuis longtemps dépeuplés ; et dans une seule
» rivière, la Moselotte, un des affluents de la Moselle, ils
» ont semé environ 50,000 truitons qu'on pêche aujourd'hui
» à l'état adulte. Leur réputation s'est étendue et l'année
» dernière, l'un d'eux appelé à Huningue, a employé ses
» procédés pour la multiplication du saumon avec un succès
» comparable à celui que le comte de Golstein avait obtenu
» il y a près d'un siècle. Les essais provoqués par la pu-
» blication de la note dont nous avons parlé, par la divul-
» gation des succès qu'avaient obtenus MM. Géhin et Remy,
» ont été nombreux en France, et presque partout ils ont
» pleinement réussi.

» Ils ont porté sur des espèces assez variées. C'est ainsi
» que dans la Bresse et du côté de Dijon, on a opéré sur

» des tanches, sur des carpes, sur des brochets, sur des
» perches. L'application pratique des fécondations artifi-
» cielles à l'élève des poissons est donc aujourd'hui hors de
» doute.

» Or, semer des espèces herbivores destinées à être mangées
» par des espèces carnassières qui elles-mêmes serviront de
» nourriture à l'homme, c'est incontestablement un des
» moyens les plus simples et les moins dispendieux de créer
» des aliments de nature animale. A ce titre, l'industrie
» dont nous parlons nous semble digne du plus grand
» intérêt.

» En Angleterre, où des tentatives du même genre ont
» été faites sur une grande échelle et avec le même succès,
» de riches propriétaires, des compagnies puissantes se sont
» mis à l'œuvre et le réempoissonnement a été opéré sur
» quelques points dans de très-larges proportions. En France,
» le morcellement de la propriété, la médiocrité des fortunes,
» opposera, nous le craignons bien, un obstacle puissant à des
» entreprises de ce genre. Quelques hommes dévoués pourront
» bien, à l'exemple de notre confrère, M. Paul Thénard, semer
» des poissons dans les affluents d'un fleuve dans le but
» de le repeupler ; mais des efforts individuels ne sauraient
» avoir des résultats bien considérables, du moins tant que
» les procédés à employer ne seront pas devenus populaires.
» L'intervention du Gouvernement nous semblerait donc ici
» pleinement justifiée.

» Si le ministère de l'agriculture et du commerce entrait
» dans cette voie, comme on assure qu'il en a l'intention,
» il y aurait à la fois justice et utilité à charger MM. Géhin
» et Remy de répandre les notions qu'on chercherait à vul-
» gariser. Ce serait pour eux une récompense à la fois
» honorifique et rémunératrice, et leur qualité d'hommes
» pratiques, leur position sociale même leur donneraient dans

» cotto mission une autorité dont manqueraient peut-être des
» hommes éminents parlant au nom de la science (1). »

Il faut rendre justice à M. de Quatrefages : de tous les
savants qui se sont occupés de la question de fécondation
artificielle, il a été, de beaucoup, le plus explicite, et il faut
bien le dire, le plus équitable et le plus impartial. Nul
mieux que lui n'a signalé les difficultés de la tâche ac-
complie par Remy et Géhin, et n'a fait ressortir avec plus de
logique les mérites de ces deux hommes qui, sans lumières,
sans guide d'aucune sorte, complétement illétrés d'ailleurs,
ont, par les seules forces de leur intelligence, par leur génie
observateur et leurs persévérants efforts, résolu dans son entier
ce problème complexe de physiologie expérimentale : *jeter
dans les cours d'eau de la semence de poisson, avec toutes
les conditions de viabilité désirables, et pourvoir à l'alimentation et à l'éducation de l'élevin qui en naîtra.*

Telles sont en effet les difficultés vaincues par les pêcheurs
de la Bresse, mais surtout et à peu près exclusivement par
Remy, avec autant de hardiesse que de bonheur; on conçoit
en effet que l'éclosion en elle-même est peu de chose, com-
parativement à la fécondation, qui est le point essentiel du
problème, le véritable nœud de la difficulté.

Et qu'on ne vienne point ici exciper des travaux de Spallanzani et des expériences qu'il a tentées pour opérer la fécondation artificielle des œufs de quelques animaux. Non-
seulement Remy les ignorait, mais aujourd'hui encore on
lui parlerait de Spallanzani qu'il ne saurait ce que cela veut
dire.

D'ailleurs chacun sait que le savant de Modène a fait porter
principalement ses expériences sur les salamandres, les grenouilles et autres amphibies; que ces expériences sont loin

(1) Ce rapport ne semble-t-il pas écrit tout exprès pour servir de réfuta-
tion à celui de M. Milne-Edwards.

d'avoir complétement réussi, que son seul but était d'étudier les lois de la génération dans certaines espèces animales, et celles qui président à la reproduction des êtres vivants; qu'il n'a jamais eu l'idée, en fécondant des œufs, de créer une substance alimentaire vivante; qu'une fois l'éclosion obtenue, il n'attachait aucune importance aux produits, et s'inquiétait peu de leur alimentation. Il avait créé artificiellement des êtres, c'était tout ce qu'il voulait, c'était le seul but qu'il se proposât.

Mais Remy, lui, se proposait tout autre chose; c'était du poisson qu'il prétendait créer; non-seulement il lui importait de faire arriver l'œuf à maturité, mais il fallait surtout nourrir le produit, l'élever, le faire grossir, le rendre propre à la consommation; et pour atteindre ce but, il fallait commencer par n'opérer que sur des œufs dans lesquels le principe vital fût sûrement renfermé, *c'est-à-dire qui fussent préalablement fécondés;* là était le premier terme du problème et l'on conviendra que la difficulté était de nature à embarrasser de plus savants que le pauvre Remy, opérant seul, sans secours et sans conseils. Heureusement, le livre de la nature est ouvert pour tous ceux qui savent y lire, et c'est là que Remy trouva le moyen de surmonter l'obstacle qui s'opposait à sa réussite. On sait comment il s'y prit; comment opérant lui-même l'accouchement de la femelle et l'éjaculation du mâle, il fut assuré du résultat. L'éclosion dès lors n'était plus qu'une affaire de temps, et, au moyen de quelques précautions, elle ne pouvait faire faute. Remy les imagina facilement, son génie observateur avait vaincu de bien autres difficultés, celles qui environnaient l'éclosion ne furent qu'un jeu pour lui. Restait la troisième partie du problème : pourvoir à l'alimentation des jeunes poissons. La solution paraît en appartenir aux deux pêcheurs réunis, la gloire doit donc leur en être commune; je dis gloire à dessein, car il fallait pour y arriver, deviner, comme le dit M. de

Quatrefages, *une des grandes lois qui président à la conservation des êtres*, et en faire, au cas particulier, une application raisonnée. C'est en cela que Remy et Géhin ont eu le mérite peu commun de réussir; et si l'on veut réfléchir que ce n'est qu'en suivant une marche analogue, dans un autre ordre d'idées, que le savant M. Leverrier est arrivé à supposer d'abord, puis à affirmer, et enfin à prouver l'existence d'une planète dans un point déterminé du ciel; que par là et par cela seul, il a mérité les honneurs, les distinctions, la richesse, juste rémunération de son incontestable mérite, on trouvera peut-être que je n'exagère rien en attachant l'idée de gloire aux travaux et aux succès de deux humbles pêcheurs, de deux hommes du peuple, obscurs, entièrement illétrés, qui, *en devinant certaines lois de la création et de la conservation des êtres, en en faisant la plus heureuse application à la création et à l'alimentation de certains poissons, sont parvenus à créer, de semence, une matière alimentaire propre à la consommation de l'homme.*

Ainsi que je viens de le dire, à force de calculs, par la puissance de l'abstraction, par la voie de l'induction, M. Leverrier est parvenu non pas à créer, mais à retrouver un astre perdu dans l'immensité des cieux, astre que le Créateur de toutes choses y avait apparemment placé de toute éternité, dont *l'égarement* momentané, qu'on me passe le mot, n'empêchait ni la terre de tourner sur son axe, ni les soleils d'exercer leur attraction autour de leurs brillants orbites, ni les mondes jetés dans l'espace d'obéir aux lois éternelles qui président à leurs mouvements respectifs.

Avec raison, les gouvernements ont attaché à la découverte de M. Leverrier une gloire qu'on ne pouvait lui refuser, et qui ne s'est pas réduite pour lui en cette vaine fumée qu'on appelle la célébrité. Bien que la planète si heureusement retrouvée n'eût, en fin de compte, qu'une utilité très-contestable pour notre monde sublunaire, bien que son

existence, que pour ma part je suis loin de chercher à nier,
à l'imitation de quelques jaloux, ne pût influer, en quoi
que ce soit, sur la destinée des habitants de notre globe,
M. Leverrier a été mis en possession de tous les biens qui
semblent les plus propres à assurer le bonheur en ce monde;
gloire, traitements, décorations, titres, rien ne lui a manqué,
et l'on peut dire que cet astre retrouvé lui a fait le destin
le plus digne d'envie.

Parmentier lui-même, pour avoir rapporté, dans son
chapeau, dit-on, un tubercule, précieux sans doute, mais
dont il était superflu d'aller chercher si loin l'espèce, quand
ses congénères faisaient, depuis plus de deux siècles, la
base de l'alimentation des habitants de la Lorraine]; Parmentier, par ce seul acte, a su mériter l'immortalité, et
ses compatriotes peuvent aujourd'hui contempler les traits
du grand homme éternisés par le bronze; tandis que Remy,
l'auteur, le véritable auteur d'une des plus belles découvertes des temps modernes, de la plus réellement utile,
peut-être, Remy, *le créateur d'une substance alimentaire
vivante*, est encore aujourd'hui un obscur pêcheur, parfaitement ignoré au sein de ses montagnes, auquel on a
fait l'aumône de quelques centaines de francs, et qui, pour
toutes ressources, pour tout moyen d'existence possède les
minces produits de sa profession de pêcheur, qu'il n'exerce
même plus que péniblement, à cause des infirmités acquises
par ses travaux, produits ajoutés à ceux plus minces encore
d'un très-pauvre débit de tabac, qu'on a cru devoir accorder
à sa femme.

Voilà ce qu'on a fait jusqu'aujourd'hui pour le pêcheur
Remy, voilà les ressources qui lui ont été créées, pour
subvenir aux besoins de sa vieillesse et à ceux d'une famille composée de sept enfants. Géhin, lui, a été mieux
partagé : indépendamment d'un débit de tabac d'un très-bon
apport à Strasbourg, indépendamment des allocations an-

nuelles qui lui sont accordées, il est en outre chargé de missions pratiques passablement rémunérées, et qui lui fournissent l'occasion de faire, pour les particuliers, des expériences toujours grassement rétribuées. Il a donc peu à se plaindre, et doit se trouver heureux d'une position à laquelle les travaux d'un autre ont pour le moins autant contribué que les siens propres.

L'oubli dans lequel est resté Remy ne peut être que momentané; il faut qu'il en soit ainsi pour l'honneur du gouvernement.

L'homme qui a trouvé seul une chose aussi incontestablement utile que la création, à volonté, d'une substance alimentaire d'un usage aussi répandu que le poisson; qui, par une découverte si admirable et d'une application si facile, a su trouver un remède assuré contre le dépeuplement des cours d'eau; dont les procédés ont ouvert aux investigations de la science une ère nouvelle, aux expériences des hommes pratiques une carrière sans bornes, un tel homme ne peut rester pauvre et besoigneux. Le pays qu'il a enrichi par ses travaux lui doit tout au moins l'aisance; ce serait une honte pour le Gouvernement, je ne crains pas de le dire, que Remy, malgré son âge et ses précoces infirmités, fût contraint de continuer à s'exténuer en efforts pour vivre, et que sa nombreuse famille fût menacée de la misère, si la mort venait inopinément le frapper.

Ce n'est point un pauvre débit de tabac qui suffit à payer les services que Remy a rendus à son pays; ce qu'il faut qu'il obtienne, c'est une *récompense nationale*, dont une partie, reversible sur la tête de sa femme et de ses enfants, les mette désormais à l'abri de toute fatale éventualité.

RÉFLEXIONS

SUR

L'ICHTHYOGÉNIE.[1]

Depuis quelques années, les questions relatives à la reproduction artificielle des poissons ont fixé l'attention, non-seulement des naturalistes, mais encore de tous ceux qui attachent de l'intérêt aux faits qui révèlent l'intelligence de l'homme et constatent son génie créateur.

Avant 1842, il n'était guère question d'une méthode propre à procurer l'éclosion artificielle des œufs de poissons. Peut-être quelques savants, dans le silence et le secret de leur cabinet, avaient-ils tenté quelques essais ; cela paraît même hors de doute, si l'on en croit le savant rapport adressé, en 1850, à M. le Ministre de l'Agriculture par M. Milne-Edwards, doyen de la Faculté des Sciences de Paris. En tous cas, ces essais, heureux ou non, avaient eu peu de retentissement jusqu'ici ; peu de personnes savaient en effet que Spallanzani, Rusconi, Jacobi, le comte de Golstein, Boccius et quelques autres, avaient découvert ou connu le secret de la fécondation artificielle. M. de Quatrefages lui-même, en rappelant à l'Institut de France, en 1848, les droits de Golstein à la découverte de ce secret, constate que les expériences de ce

(1) Ces réflexions ont été publiées pour la première fois en 1850.

naturaliste allemand ont été peu nombreuses, suivies de succès contestables, et qu'en tous cas elles n'étaient guère connues que des hommes de science.

Il est donc bien établi que cette question n'avait reçu qu'une publicité de cabinet, et encore fort restreinte, lorsqu'au sujet du mémoire lu à l'Académie des Sciences par M. de Quatrefages, je révélai pour la première fois, en 1848, à ce corps savant, les travaux de MM. Remy et Géhin, pêcheurs à la Bresse, département des Vosges, et les étonnants résultats qu'ils avaient obtenus. Cette communication eut un certain retentissement ; dans le journal la *Presse,* du 16 avril 1849, M. l'abbé Moigno, en citant quelques lignes du mémoire que j'avais adressé à l'Institut, reproduisit le récit des faits et leur donna ainsi une publicité qui éveilla l'attention.

Mon travail qui, je me hâte de le dire, n'avait guère d'autre mérite que de constater les travaux accomplis par MM. Remy et Géhin, leur esprit d'observation, leurs intelligentes recherches, et enfin les prodigieux résultats auxquels ils étaient parvenus, fut renvoyé à une commission composée de MM. Duméril, Milne-Edwards et Valenciennes. Assurément, jamais question importante ne fut remise en de plus dignes mains, et cependant, par suite de circonstances, sans doute indépendantes de la volonté des savants commissaires, la vérité tarda longtemps à se faire jour.

J'avais pris soin pourtant de ne blesser personne, et ce fut avec toutes les précautions imaginables que j'établis cette vérité, répétée du reste dans le rapport de M. Milne-Edwards, que nos deux compatriotes Remy et Géhin, quand ils cherchaient, bien avant 1840, la solution de leur problème, refaisaient, *sans le savoir,* ce qu'avaient fait avant eux ceux qui les avaient précédés dans la carrière de l'ichthyogénie ; ce qui, en d'autres termes, signifie qu'ils sont bien réellement les inventeurs de la méthode au moyen de laquelle ils sont parvenus à opérer la fécondation et l'éclosion artificielles d'une immense quantité d'œufs de truites.

Ce point ne me semble pas contestable, et, je dois le dire, il n'est pas contesté d'une manière sérieuse ; seulement, il ne me paraît pas qu'on ait rendu à MM. Remy et Géhin toute la justice qui leur est due, car on ne peut regarder comme telle cette phrase du rapport de M. Milne-Edwards, que je cite textuellement..... « Mais si ces pauvres paysans de » la Bresse ont été devancés dans leurs recherches par » les hommes de science, et s'ils n'ont enrichi l'histoire » naturelle d'aucun résultat nouveau, ils n'en sont pas moins » dignes d'intérêt, et ils ont droit à notre reconnaissance, » *car ils paraissent avoir été les premiers à faire chez* » *nous l'application de la découverte des fécondations* » *artificielles à l'élève du poisson*, et ils ont le mérite » d'avoir créé ainsi en France une industrie nouvelle. »

J'en demande pardon au savant doyen de la Faculté des Sciences, le mérite de MM. Remy et Géhin ne se borne pas à avoir été les premiers à faire en France l'application de la découverte des fécondations artificielles à l'élève du poisson ; ce ne serait pas peu de chose déjà, mais leur mérite va plus loin : ils *ont bien réellement inventé* la méthode qu'ils appliquent et dont ils obtiennent de si beaux résultats ; ils ne l'ont empruntée à personne, car ils ignoraient absolument les travaux de leurs devanciers, et pas un seul des noms des savants qui s'étaient occupés jusqu'à eux de la recherche du problème qui leur a coûté tant de soins et occasionné tant de dépenses, pas un seul de ces noms n'était venu jusqu'à eux. Demandez-leur aujourd'hui encore ce que c'est que Spallanzani, Golstein, Jacobi, Rusconi, Boccius, ils ne sauront si ce sont là des noms de savants, de consuls romains ou d'empereurs du Bas-Empire. Pour eux, le problème était donc encore dans son entier, et quand, frappés de la destruction toujours croissante de la truite dans les eaux de leurs hautes vallées, ils se sont mis à rechercher les moyens de parer à ce grave inconvénient qui était la ruine de leur industrie, ils ignoraient complétement que ces moyens eussent déjà été *trouvés*, ou, pour parler plus exactement, *entrevus* par d'autres.

Hé bien ! ces moyens, leur intelligence, leur instinct si l'on veut, dirigé par l'observation constante de la nature, les a trouvés, et je ne crois pas qu'on puisse leur dénier le titre d'inventeurs, à moins que ce mot là ne vienne pas du latin *invenire*, trouver.

Voilà ce que, selon moi, l'on perd beaucoup trop de vue, car je ne puis croire qu'il y ait parti pris par les savants de profession, de vouloir atténuer le mérite des découvertes de deux hommes qui, à la vérité, ne sont pas des savants, eux, puisqu'ils sont à peine lettrés, mais qui n'en sont pas moins très-remarquables comme observateurs. Persister dans ces errements serait dénier à Watt le mérite de l'invention de la machine à vapeur, par la seule raison que Salomon de Caus, et bien d'autres avant lui, avaient entrevu la force expansive de la vapeur et son application possible comme force motrice.

C'est ce point surtout qu'il importe de bien établir, de mettre hors de discussion, car le reste va de soi; les résultats sont palpables et ne se peuvent contester; les faits parlent plus haut que toutes les dénégations, et trop de témoins peuvent aujourd'hui attester la réalité et l'importance des travaux exécutés et des produits obtenus chaque année par MM. Remy et Géhin. Il ne faut pas oublier non plus que nos deux pêcheurs ont su ajouter au mérite de leur découverte celui d'avoir trouvé un moyen naturel d'élever les petits poissons provenant de leurs opérations, de les nourrir et de les faire croître. Ceci du moins est bien à eux, et jusqu'à présent la science n'a pas cherché à le leur enlever.

On le sait, la pisciculture tend à devenir aujourd'hui une

science à laquelle se rattachent déjà de grands noms, des noms respectés dans la science et connus du monde savant. MM. Agassiz et Vogt, M. Boccius, M. Milne-Edwards, M. Coste, M. Valenciennes, par leurs travaux, leurs recherches et les applications fécondes qu'ils en font chaque jour, travaillent à faire promptement sortir cette science, à peine née, des langes qui enveloppaient naguère son enfance, et leurs efforts réunis l'auront bientôt mise au niveau des autres branches de l'histoire naturelle. Mais, pourquoi refuser à deux modestes travailleurs la part si grande qui leur revient dans les travaux dont nous sommes les témoins ? Pourquoi, lorsqu'il est question de fécondation artificielle, toujours prétendre que les méthodes sont *depuis longtemps connues ?* M. l'abbé Moigno le disait, il y a quelques jours, dans le bulletin scientifique du journal le *Pays :* sous la plume des savants ces mots veulent sans doute dire que ces méthodes sont *d'une application facile ;* ce serait déjà plus vrai, sans être beaucoup plus exact, car le savant abbé prétend que, au contraire, pour réussir dans l'emploi de ces méthodes, *il faut une vocation particulière, une habileté pratique que la science ne donne pas.*

Il faut donc en prendre son parti et ne plus faire désormais aussi bon marché des résultats tout à fait remarquables dus aux recherches de MM. Remy et Géhin ; leur place est décidément bien marquée dans ce mouvement intellectuel et scientifique qui a pour but la solution de toutes les questions qui se rattachent à la reproduction des poissons, à leur acclimatement, et bientôt peut-être, par le croisement des races, à la création de nouvelles espèces dont nos cours d'eau se trouveront un jour enrichis.

Ce qui précède était nécessaire pour en venir aux réflexions que suggère la mission dont vient d'être chargé M. Valenciennes et les conséquences peu heureuses qu'elle paraît avoir eues. Je veux parler du voyage que vient d'accomplir le savant professeur du Muséum d'histoire naturelle, dans diverses contrées de l'Allemagne, à l'effet d'en rapporter plusieurs espèces de poissons fort estimées, particulières à certaines eaux douces de ce pays, et qu'il a paru utile d'introduire dans les nôtres.

Les journaux ont fait grand bruit de ce voyage, et c'est à ce propos que j'ai cru devoir, dans l'intérêt de la vérité, aussi bien que dans celui de MM. Remy et Géhin, adresser au *Journal des Débats* une lettre qu'il a eu la loyauté d'insérer dans son numéro du 24 juin, et qui avait été préalablement publiée dans le *Journal des Vosges*. Dans cette lettre, à M. le rédacteur du *Journal des Débats*, non-seulement je me suis attaché à revendiquer, pour nos deux compatriotes, la juste part qui leur revient dans la solution du problème de la fécondation artificielle des œufs de poissons, mais j'ai cherché à prouver que si, au lieu d'envoyer à grands frais un savant académicien sur les bords de l'Elbe et de la Sprée pour en rapporter vivants les poissons qu'on désirait acclimater en France, et cela au milieu des hasards et des chances défavorables d'un voyage qui a failli devenir tragique pour les héros de la tentative (je veux parler des poissons qui ont failli périr en route faute d'eau) ; si, au lieu de cela, on eût consulté MM. Remy et Géhin, ils auraient fourni des moyens aussi sûrs que faciles et peu dispendieux de mener l'entreprise à bonne fin (1).

Quelques jours après celui où j'adressais cette réclamation au *Journal des Débats*, M. l'abbé Moigno, frappé comme moi de l'oubli dans lequel on laissait nos deux pêcheurs

(1) **MM. Remy** et **Géhin** ont découvert récemment un procédé au moyen duquel ils conservent et peuvent envoyer au loin des œufs tout fécondés. Des résultats certains leur ont prouvé que même après deux mois d'isolement, pas un seul œuf ne fait défaut au jour de l'éclosion. C'est surtout à **M. Géhin** qu'on est redevable de ce précieux résultat.

vosgiens, dans une occasion où leurs connaissances acquises, leur expérience puisée au grand livre de la nature, eussent pu être d'une si grande utilité, publiait dans le *Journal le Pays*, en date du 13 juillet 1851, les réflexions suivantes que je crois devoir rapporter dans leur entier, de crainte, en les scindant, de leur faire perdre quelque chose de leur force et de leur originalité.

Après le récit du voyage de M. Valenciennes et des péripéties qui l'ont signalé, récit puisé dans le rapport même du célèbre naturaliste, M. Moigno continue ainsi :

« Ces poissons, pour la plupart, paraissaient, au commencement du mois de juin, bien remis de la fatigue du voyage. Ils ont été provisoirement déposés dans le grand bassin du Muséum d'histoire naturelle. Par les soins de l'administration du ministère de l'agriculture, on leur a préparé à Marly de grandes pièces d'eau de Seine, constamment renouvelées, et où ils auront une nourriture abondante. Dans ces réservoirs, les membres de la commission pourront les étudier, et faire sur eux les expériences convenables pour en essayer la propagation.

» M. Coste, membre de la commission d'acclimatation et de reproduction des poissons, annonce à l'Académie qu'il a visité les eaux de Versailles, que M. le Ministre des travaux publics a bien voulu mettre à la disposition de la commission, afin de s'assurer si elles étaient convenablement distribuées pour le but que l'on voulait atteindre. Il a trouvé des bassins nombreux, spacieux, qu'on peut vider à volonté, présentant les conditions les plus variées, où les espèces nouvelles, élevées séparément, pourront être facilement propagées par la fécondation artificielle. C'est là que seront placés les poissons rapportés de Berlin par son savant confrère.

» Dans ces bassins si favorablement disposés pour les expériences, nous pourrons facilement, dit-il, introduire les espèces qui vivent alternativement dans les eaux salées et les eaux douces, et les habituer à vivre d'une manière permanente dans les étangs et à s'y propager. Les saumons, les aloses, les lamproies, les plies, etc., amenés de l'embouchure de nos fleuves, y deviendront l'objet de nos premiers essais. Nous pourrons même importer de l'Inde le Gourami, poisson excellent, très-facile à élever, qui se propage en très-grande abondance et vit à l'état de domesticité dans les bassins les moins spacieux. On peut se le procurer à l'Ile-de-France, d'où notre marine l'amènera, pour ainsi dire sans frais.

» Si, comme il n'y a pas à en douter, ajoute M. Coste, les expériences de la commission réussissent, les eaux de Versailles deviendront un moyen très-important d'acclimatation de poissons, une sorte de haras, qu'on me permette cette expression, où seront propagées les espèces les plus productives qu'on pourra distribuer ensuite dans toutes les parties de la France. »

» Nous sommes désolé de ne pouvoir partager les espérances et les convictions de MM. Coste et Valenciennes : mais il est évident pour nous que ce nouvel essai d'acclimatation s'est fait dans des circonstances tout à fait défavorables. Nos académiciens ont beau dire que *les méthodes de fécondation artificielle sont connues depuis longtemps,* ce qui signifie au fond, sous leur plume, qu'elles sont d'une application facile ; nous croyons, nous, au contraire, que pour réussir, il faut une vocation particulière, une habileté pratique que la science ne donne pas. A la place de M. Valenciennes, nous nous serions bien gardé d'aller pêcher dans la Sprée des individus adultes, dont l'état de santé nous était inconnu, que les helminthes ou tœnias avaient déjà envahis, qu'un trop long voyage devait nécessairement affaiblir, rendre malades même, comme cela est arrivé de fait, et rendre impropres à la reproduction, pour cette année du moins (1).

(1) Des renseignements que j'ai lieu de croire exacts m'ont appris depuis que ces poissons ont tous péri : je donne ce fait sous toute réserve.

» Nous sommes persuadé aussi que le séjour de ces gros poissons dans de nouvelles eaux, dans des bassins fermés, changera complétement leurs habitudes et les rendra stériles. Qu'aurions-nous donc fait, si l'on nous avait chargé de cette difficile mission? Abjurant notre amour-propre de savant, nous aurions fait appel à l'expérience et au génie de ces deux humbles pêcheurs des Vosges, MM. Remy et Géhin, qui ont fait si admirablement leurs preuves en créant plusieurs millions de truites.

» Nous les aurions amenés avec nous, ou nous les aurions fait partir seuls avec des lettres pressantes de recommandation; nous aurions prolongé leur séjour sur les bords de l'Elbe et de la Sprée jusqu'à ce qu'entrés en possession d'une femelle prête à pondre et d'un mâle prêt à donner sa laitance, ils eussent opéré sur place la belle opération de la fécondation artificielle, pour n'avoir plus à apporter en France, par les chemins de fer si rapides, que des œufs fécondés, dont ils auraient soigné l'éclosion, avec cette vigilance paternelle qui a produit les merveilles dont ils nous ont rendus témoins.

» Qu'aurions-nous obtenu en ramenant à des conditions si simples la mission qui nous aurait été confiée? Le voici : M. Valenciennes, d'après les comptes rendus, a importé 48 poissons adultes. Nous n'exagérerons rien en admettant que chacun de ces poissons rendu à Paris et installé dans les bassins de Versailles, a coûté ce que coûtèrent la silure et la carpe servies à la table de Charles X, c'est-à-dire 330 fr. C'est donc une dépense totale de 16,000 fr. environ. Or, nous l'affirmons d'avance et sans crainte, de ces 48 gros poissons, en dépit des soins que le ministère de l'agriculture va prendre d'eux, ainsi s'exprime M. Valenciennes, il ne résultera pas un seul petit rejeton. En suivant, au contraire, le plan que nous avons eu l'audace de tracer, en se reposant du succès de l'importation, de l'acclimatation

et de la reproduction, sur le talent pratique de MM. Remy
et Géhin, nous aurions dépensé, au plus, deux ou trois
mille francs, et nous aurions conquis immédiatement plusieurs milliers d'œufs fécondés de chaque espèce, plusieurs
milliers de petits poissons éclos que l'on aurait vu grandir
chaque jour et que l'on aurait pu répartir dans quelques
années entre celles de nos rivières ou de nos bassins d'eau
douce, dont on aurait reconnu l'identité ou l'analogie avec
les fleuves et les étangs de l'Allemagne où les diverses espèces
auraient été pêchées.

» Nous demandons instamment qu'on ne veuille voir dans
ces quelques lignes aucune velléité d'opposition systématique,
aucune intention malveillante à l'adresse de MM. Valenciennes
et Coste : personne plus que nous ne rend justice et à leurs
lumières et à leur zèle.

» Nous disons tout simplement ce que nous croyons être
la vérité ; nous indiquons, sans arrière-pensée, la route
qui nous semble pouvoir seule conduire au but tant désiré.
Au reste, l'histoire est là pour prouver trop éloquemment
la stérilité fatale, l'avortement douloureux de toutes les tentatives d'acclimatation tentées par voie académique ou gou-
vernementale. On a toujours dépensé en vain des sommes
énormes pour ne rien conquérir. Un publiciste profond le
redisait encore il y a quelques jours : le Gouvernement est
tout à fait impuissant à construire avec économie et à ex-
ploiter avec bénéfices. Nous avons dit ailleurs et nous répétons
ici que le Gouvernement est même presque toujours malheureux dans les encouragements qu'il donne et dans les
missions qu'il confie, parce que les encouragements, le plus
souvent, hélas ! sont accordés au mérite apparent et non
pas au mérite réel ; parce qu'en confiant une mission on
considère plutôt la position sociale et officielle de l'homme
que son aptitude et ses succès antérieurement constatés.
Puissions-nous, au reste, nous être trompé : nous désirons

ardemment pouvoir annoncer aux lecteurs du *Pays* que les
bassins de Versailles sont peuplés de menu fretin allemand
nationalisé.

« F. MOIGNO. »

On le voit, je ne suis pas seul à soutenir la cause de
MM. Remy et Géhin. M. l'abbé Moigno, dont on ne saurait
décliner la compétence en cette matière, leur rend ici une
éclatante justice. Avant ce dernier plaidoyer en leur faveur,
M. Aymar-Bression, au nom de l'Académie nationale, agricole et manufacturière, dont il est le secrétaire perpétuel,
avait hautement revendiqué pour nos compatriotes le mérite
de leur belle découverte et des heureuses applications qu'ils
en avaient faites : dans un rapport fort étendu, à la suite
duquel M. Géhin, alors à Paris, fut proclamé membre de
l'Académie, ainsi que M. Remy quoique absent, M. Aymar-
Bression établit, avec beaucoup de force et de lucidité, les
droits des pêcheurs vosgiens, au mérite d'une découverte
appelée sans doute à produire les plus féconds résultats ;
il combat avec énergie la tendance de M. Milne-Edwards
à attribuer à un étranger l'honneur d'une invention qui a
bien réellement son origine en France, et il appelle, sur
les auteurs d'une si admirable découverte, et la reconnaissance du pays et l'attention du Gouvernement.

Il faut se hâter de le dire, toutes ces voix élevées en faveur
de nos deux Vosgiens ne restèrent pas sans écho ; lors de
son voyage à Paris, au commencement de 1850, M. Géhin
fut l'objet du plus flatteur empressement, du plus cordial
accueil. Non-seulement des savants, des membres de l'Institut,
des hommes politiques lui facilitèrent l'accès des hautes ré-
gions du pouvoir, mais il fut présenté à M. le Président de
la République lui-même qui, en le remerciant des services
réels qu'il avait rendus au pays par ses belles expériences,
lui donna la certitude que ses efforts ne resteraient pas sans
résultat, et que ses travaux trouveraient enfin leur récom-

pense. Une certaine somme fut allouée aux deux pisciculteurs sur les ressources du ministère de l'agriculture, et une allocation mensuelle fut assurée à Géhin pour l'indemniser des frais que lui occasionneraient les missions qui lui seraient confiées, dans le but de repeupler les cours d'eau qui devaient lui être ultérieurement désignés.

C'était bien là un succès, il est vrai, et ce succès, ils le devaient aux actives démarches, aux pressantes sollicitations des représentants des Vosges, à la persévérante activité de M. Buffet, ministre de l'agriculture, que j'avais plusieurs fois entretenu des essais et de la complète réussite de MM. Remy et Géhin. Plus d'une fois j'ai été témoin de la reconnaissance qu'ils ressentent pour toutes les personnes qui ont pris une part active à la constatation du résultat de leurs travaux ; mais tant qu'on semblera leur en contester la priorité, tant que le moindre doute s'élevera sur le mérite d'une invention qui est bien réellement à eux, je ne cesserai d'élever la voix, d'en appeler à la justice des hommes de science, et de porter cet intéressant procès au tribunal de l'opinion publique.

Ce n'est point un vain amour-propre qui me guide en tout ceci ; quoique j'aie été le premier à révéler au public l'importance des procédés de MM. Remy et Géhin, quoique je n'aie cessé, depuis près de cinq ans, de préconiser leur découverte et les importantes applications qu'ils en ont su faire, si complète justice leur était enfin rendue, je me serais effacé, je me serais retiré d'une lice où je n'ai d'autre mérite que de leur avoir servi de guide et d'appui ; mais les choses n'en sont pas encore arrivées là : on semble vouloir méconnaitre le mérite de nos deux pêcheurs ; on tend sans cesse à leur donner en tout ceci un rôle subalterne, quand ils ont joué le principal ; en un mot, on cherche à les effacer, à les faire oublier : plus on s'occupe de pisciculture, plus on semble méconnaitre les services qu'ils ont rendus à cette science encore au berceau : le moment me semble donc bien choisi pour établir, d'une manière qui ne puisse plus être contestée, que si les savants ont *entrevu* la solution du problème de l'ichthyogénie, ce sont deux simples pêcheurs qui l'ont trouvée les premiers ; que c'est non-seulement en France que cette belle découverte a été pour la première fois appliquée sur une grande échelle, mais que c'est dans cette partie de la France qu'on appelle les MONTAGNES DES VOSGES.

Depuis la publication des réflexions qui précèdent, la pisciculture a pris une extension considérable ; encouragée par le Gouvernement, favorisée par des succès obtenus par d'habiles praticiens, elle est devenue une science usuelle dont les principes et *le modus faciendi*, sanctionnés par de nombreuses réussites, sont devenus vulgaires et ne permettent plus le doute ni l'hésitation.

Aussi de toutes parts des travaux sont entrepris dans le but de repeupler les cours d'eau ; l'académie de Rouen propose un prix de 300 fr. à celui qui aura le mieux réussi à opérer le repeuplement d'une rivière, au moyen de la fécondation artificielle ; MM. Berthot et Detzem, ingénieurs du canal du Rhône au Rhin ont fondé, dans les environs de Huningue, une véritable fabrique de poissons pour laquelle ils ont obtenu une subvention du Gouvernement, et M. Coste, professeur d'embryogénie au Muséum d'histoire naturelle, termine à peine une inspection générale de tous les travaux entrepris dans l'intérêt de la multiplication du poisson, mission qu'il a reçue du Ministre de l'agriculture lui-même et qui est la meilleure preuve de la sollicitude avec laquelle le Gouvernement envisage tout ce qui se rattache à l'importante question des fécondations artificielles.

Assurément on ne peut qu'applaudir à cette activité, à tout ce mouvement qui a pour but la vulgarisation de procédés d'une application si facile, et dont les résultats sont d'une si grande importance pour l'avenir de la pêche fluviatile ; mais tout en accordant aux hommes qui s'occupent avec tant de zèle de la régénération du poisson les justes éloges auxquels ils ont droit, il faudrait pourtant ne pas perdre de vue que c'est des Vosges qu'est partie l'impulsion, et que sans les travaux des deux obscurs pêcheurs de la Bresse, le secret de la fécondation artificielle serait encore aujourd'hui enfoui dans les livres, d'où l'érudition de M. Milne-Edwards a su l'exhumer après coup : or c'est ce qu'on n'est que trop enclin à oublier ; chacun de ceux qui tentent des essais s'attribue assez volontiers une part dans la découverte de nos deux pêcheurs, et l'on n'est généralement d'accord que sur un point, c'est de laisser à l'écart les noms de Remy et Géhin pour y substituer ceux de MM. tels ou tels, qui, sans autre cérémonie, s'emparent de la question et se donnent les gants de l'avoir résolue.

Il est même passé dans le langage officiel que les méthodes de *la fécondation artificielle sont depuis longtemps connues,* et c'est en réponse à une communication émanée du ministère de l'agriculture que j'ai cru devoir publier la lettre suivante, qui a paru dans le *Journal des Débats* du 24 avril 1851.

AU RÉDACTEUR.

« Monsieur,

» Plusieurs journaux ont publié un assez long article relatif aux tentatives faites en ce moment pour acclimater en France plusieurs poissons des eaux douces de l'Allemagne ; le *Journal des Débats* a répété cet article et lui assure ainsi, près des lecteurs sérieux, une immense notoriété.

» Sans entrer dans le détail des observations qu'il contient, je viens, dans l'intérêt de la vérité, dans celui d'une industrie qui a pris naissance dans les montagnes des Vosges, vous prier de me permettre d'insérer dans les colonnes de votre journal quelques réflexions que je tâcherai d'abréger autant que possible

» On lit dans l'article en question cette phrase : « M. le Mi-
» nistre de l'agriculture avait donné mission à M. Valenciennes
» de recueillir en Allemagne des individus assez forts d'espèces
» variées , afin d'en essayer ensuite la reproduction , *soit par*
» *les méthodes de fécondation artificielle depuis longtemps*
» *connues ,* soit par la propagation naturelle du frai. »

» Ce n'est pas la première fois qu'on reproduit cette idée
que la fécondation artificielle est connue depuis longtemps,
et MM. les savants ne se font pas faute d'en attribuer l'honneur à la science. M. Milne-Edwards , dans un rapport récent,
n'a eu garde d'y manquer, et M. de Quatrefages l'avait af-
firmé en plein Institut. Assurément je ne m'éleverai pas contre
cette assertion , qui, il faut l'avouer, ne manque pas de
vraisemblance ; je n'hésite même pas à reconnaître que des
savants avaient regardé la fécondation artificielle comme
possible ; que d'autres , dans le secret de leur cabinet , avaient
résolu ce problème ; mais on m'accordera aussi que , jusqu'à
la révélation des procédés trouvés par deux pêcheurs vosgiens , MM. Géhin et Remy, de la Bresse, département des
Vosges, ce problème , bien que résolu , dit-on , était resté
un mystère pour tout le monde ; que du moins sa solution
n'avait été jusqu'ici d'aucune utilité ; que personne , avant
nos deux pêcheurs , n'avait pensé, en l'appliquant sur une
grande échelle, à en faire une véritable industrie , et dès
lors on ne pourra me contester cette vérité , que c'est à eux,
à leurs travaux , à leur persévérance, à leur continuelle
observation de la nature prise par eux sur le fait , qu'on
doit les conséquences qui découlent de l'application de leurs
procédés et les résultats pratiques qu'on en peut tirer, soit
pour la propagation des bonnes espèces de nos poissons d'eau
douce , soit pour l'introduction en France des bonnes espèces
étrangères à nos rivières.

» Ce n'est point par un vain amour-propre , et parce que

j'ai , le premier, fait connaître les remarquables travaux des deux pêcheurs de la Bresse, que je m'élève contre une assertion qui ne tend à rien moins qu'à leur ôter tout le mérite de leur découverte : c'est tout simplement par esprit de justice, c'est parce qu'il ne faut pas qu'on enlève à de braves et courageux travailleurs le fruit de leurs longues et pénibles observations, c'est parce qu'il faut laisser à chacun son mérite, et que les savants n'ont pas besoin d'ajouter ce fleuron à leur couronne qui brille déjà de tant d'éclat; qu'on me permette d'ajouter que c'est aussi par amour pour nos Vosges, auxquelles il faut laisser la gloire d'avoir produit deux hommes des plus remarquables dans leur genre, savants sans le savoir, et qui, sans en avoir le moindre soupçon, ont résolu et appliqué l'un des plus importants problèmes de physiologie comparée : à chacun le fruit de son travail, c'est bien le moins!

» Je ne terminerai pas sans faire remarquer combien il était inutile de dépenser tant d'argent et de peine pour faire venir à grands frais, ainsi que l'indique l'article auquel je réponds, des poissons de l'Allemagne, au risque de les faire périr en route, ainsi que cela a failli arriver, lorsqu'il y avait un moyen tout simple de transporter en France les œufs tout fécondés de ces poissons. Ce moyen on l'eût connu facilement, si, au lieu de ne composer la commission de pisciculture que de savants en titre, on y eût appelé quelques hommes pratiques, comme, par exemple, nos deux pêcheurs, ou du moins l'un d'eux, Géhin, qui, dans un voyage récent à Paris, a été dignement apprécié par des hommes en état de le juger. Le premier fruit qu'on aurait tiré de cette mesure, c'eût été de connaître un procédé fort simple, quoique fort ingénieux, au moyen duquel ils conservent et envoient à de grandes distances des œufs de truites tout fécondés. Des expériences récentes ont mis hors de doute le plein succès de leurs tentatives à cet égard, et leur ont ainsi créé un nouveau titre à la reconnaissance de leurs contemporains. »

Dʳ HAXO,

Secrétaire perpétuel de la Société d'Émulation des Vosges.

Par un contraste qui ne manque ni de bizarrerie, ni d'originalité, tandis qu'en France quelques hommes éminents, mus par un sentiment que je ne veux pas qualifier, se sont efforcés d'attribuer à des étrangers l'honneur d'une découverte si utile aux populations, appelée à rendre de si grands services à la science de l'ichthyogénie, et n'ont pas hésité à citer l'Angleterre comme le lieu où elle avait eu les premiers et les plus remarquables succès, surtout entre les mains de M. Boccius, à Hammerschmitt, un écrit publié à Londres sous le titre de : *The artificial production of fish By Piscatorius, London, 1852*, restitue à la France et au département des Vosges en particulier la gloire de l'invention des deux pêcheurs de la Bresse.

Je lis dans ce travail qui sort de l'imprimerie de *John Edward Taylor, little queen street, Lincoln's inn fields. (page 10ᵉ.)* « Il faut observer que bien que la fécondation des œufs de poissons fût connue des savants ichthyologistes, elle était totalement inconnue à Remy et à Géhin. Ces pauvres pêcheurs n'avaient jamais entendu parler de Golstein, de Jacobi, de Lacépède, de Sannoni; il est probable même qu'ils n'avaient jamais ouvert de livre qui traitât de l'histoire naturelle des poissons; ce fut par la seule force de leur intelligence et par leurs patientes recherches qu'ils parvinrent à cette grande découverte; *l'honneur leur en est dû comme s'ils l'avaient faite les premiers; bien qu'ils soient venus après Golstein, ils sont placés à un aussi haut rang, et même plus haut, car ils n'avaient ni son instruction, ni son observation.* »

Il ne laisse pas d'être étrange que la valeur de la découverte de Remy se trouve être plus équitablement appréciée en Angleterre qu'en France, et que le soin de rendre une éclatante justice à nos deux pêcheurs ait été laissé à un étranger. Voici en effet comment s'exprime encore l'auteur que je viens de citer à propos des travaux de Spallanzani, du docteur Knox, de M. Schaw et de plusieurs autres : « Comme nous l'avons remarqué, ces grands savants eurent peu d'imitateurs, et quoique la production artificielle des poissons fût d'un immense avantage pour toutes les contrées, *cette science fut peu cultivée;* bien qu'elle fût d'une immense importance commerciale, politique et sociale, surtout pour une grande nation, bien qu'elle dût occuper un grand nombre d'hommes, et donner de la nourriture à des milliers de personnes de toutes classes, *cette glorieuse et simple idée fut mise à exécution par deux humbles pêcheurs nommés Remy et Géhin, d'un obscur village appelé la Bresse, dans le département des Vosges, en France.* For this glorious but singularly simple idea, the world is indebted to two humble fishermen, named Remy and Gehin, of an obscure village called la Bresse, in the département of the Vosges, in France. »

J'arrêterai ici mes citations que je pourrais multiplier, et qui toutes tendraient à prouver que les étrangers ont été plus justes pour nos deux pêcheurs que les savants et les écrivains français; mais quelque tardive que soit la justice, bien qu'elle marche, comme dit le poëte, *pede claudo,* elle marche cependant, et son jour finit par arriver.

De temps à autre, il y a bien encore quelques velléités d'enlever à Remy et à Géhin le bénéfice de leur invention; quelques savants se donnent bien encore la satisfaction de parler de la fécondation artificielle et de l'éclosion des œufs de poissons, sans même prononcer le nom des deux pêcheurs de la Bresse; mais ce système, percé à jour par la clameur

publique, et réprouvé par l'honnêteté, même la plus vul-
gaire, commence à tomber en désuétude; aujourd'hui il est
bien avéré que si la théorie de la fécondation artificielle des
œufs de poissons était, ainsi que l'affirme M. Milne-Edwards,
et ce que je suis loin de contester, décrite dans divers ouvrages,
si quelques tentatives pratiques avaient même été faites,
notamment par Golstein, vers le milieu du siècle dernier,
et par d'autres naturalistes, dans des temps plus rapprochés
de nous, la gloire de la découverte de Remy ne lui en reste
pas moins tout entière, car il est certain que cet humble
pêcheur, qui sait à peine lire, n'avait pu puiser dans des
livres les notions qui l'ont amené à imaginer les procédés
qu'il met en œuvre avec tant de succès, et qu'au mérite
d'avoir, le premier en France, pratiqué sur une vaste échelle
la fécondation artificielle et l'éclosion des œufs de truite,
par des procédés dont il est l'inventeur, il joint le mérite,
non moins incontestable, qu'il partage avec Géhin, d'avoir
imaginé, pour nourrir et élever les petits poissons, provenant
des éclosions qu'il obtient, un moyen simple et naturel,
qui est l'application à son industrie d'une des lois générales
qui président à la conservation et à l'accroissement des êtres,
et sur lesquelles reposent les harmonies naturelles de la
création animée.

FIN.

FÉCONDATION

ARTIFICIELLE

ET ÉCLOSION

DES OEUFS DE POISSONS,

Suivi de

RÉFLÉXIONS SUR L'ICHTHYOGÉNIE,

PAR

LE DOCTEUR HAXO, D'ÉPINAL,

Secrétaire perpétuel de la Société d'Émulation des Vosges,
Membre de la Société des Sciences
Lettres et Arts de Nancy, etc.

ÉPINAL,
De l'Imprimerie de veuve Gley.
1852.